Konrad Zuse

# Petri-Netze aus der Sicht des Ingenieurs

Mit 209 Bildern

Friedr. Vieweg & Sohn Braunschweig / Wiesbaden

CIP-Kurztitelaufnahme der Deutschen Bibliothek

**Zuse, Konrad:**
Petri-Netze aus der Sicht des Ingenieurs / Konrad Zuse. –
Braunschweig, Wiesbaden: Vieweg, 1980.
ISBN-13:978-3-528-09615-1 e-ISBN-13:978-3-322-84164-3
DOI: 10.1007/978-3-322-84164-3

1980



ISBN-13:978-3-528-09615-1

## Vorwort

Die Petri-Netze haben in letzter Zeit zunehmend Beachtung gefunden. Das zeigt sich sowohl in der internationalen Literatur als auch auf Tagungen, Workshops usw. Durch Petri und seine Mitarbeiter konnte eine gut ausgebaute Theorie der Netze entwickelt werden. Praktische Anwendungsmöglichkeiten sieht man bei umfangreichen Programmsystemen, beim Zusammenspiel der Komponenten komplexer Systeme, z.B. Datenverarbeitungsanlagen, in der Prozess-Steuerung, bei Verkehrs- und Signalsystemen, usw.

Dabei konnte ich gewisse Schwierigkeiten darin erkennen, die Standpunkte der Theoretiker und der Praktiker miteinander in Einklang zu bringen. Der Theoretiker neigt zu einer abstrakten Formulierung einer geschlossenen und in sich logisch aufgebauten Theorie, unter Verwendung möglichst weniger elementarer Grundbegriffe. Der Praktiker arbeitet lieber mit Ergänzungen und Erweiterungen von bereits bewährten Darstellungen konstruktiver Steuerungsmechanismen, Schaltzeichnungen usw. Die zunächst ebenfalls abstrakten Disziplinen wie Schaltalgebra und Automatentheorie sind inzwischen weitgehend auch in das Gedankengut der Ingenieure eingegangen. Daher ist es mein Bestreben, in dieser Richtung den Anschluss an die Petri-Netze zu suchen. Dabei habe ich bewusst in dieser Schrift auf rein formale Darstellungen und Ableitungen verzichtet. Auch der Begriff der Lebendigkeit, der in der Theorie der Petri-Netze eine grosse Rolle spielt, wird zunächst zurückgestellt.

Meine Arbeiten wurden wesentlich gefördert durch die Zusammenarbeit mit der Gesellschaft für Mathematik und Datenverarbeitung (GMD), der Firma Siemens und der Firma Zahnradfabrik Friedrichshafen. Hierfür möchte ich den Herren Professor Krückeberg, Professor Gumin und Professor Looman meinen besten Dank aussprechen. In sachlicher Hinsicht bin ich besonders Herrn Dr. Petri persönlich und seinen Mitarbeitern für die zahlreichen

Diskussionen zu Dank verpflichtet. Ferner verdanke ich wesentliche Anregungen den Arbeiten von Herrn Dr. Gottschalk, Firma Siemens, Eisenbahn- und Signaltechnik, Braunschweig, und der Doktordissertation von Herrn Dr. Ullrich, Universität Hamburg.

Inhalt Seite

Seite

# I Allgemeines

## I1) Zum Begriff der Funktion

Die klassische Mathematik benutzt den Begriff der Funktion. Bei der Formulierung

$$y = F(t)$$

kann y z.B. als eine Grösse aufgefasst werden, welche eine Funktion der Zeit ist. y kann dabei einen Zustand kennzeichnen (z.B. Wasserstand eines Flusses), welcher sich mit der Zeit ändert.

Die Differential- und Integralrechnung stellt diese Änderung selbst in den Mittelpunkt der Betrachtung. Daraus entsteht der Begriff der Ableitung einer Funktion.

Der Verlauf der Funktion kann sowohl direkt durch Kennzeichnung der Funktionswerte als auch durch Kennzeichnung der Ableitung beschrieben werden. Im zweiten Falle ist die Angabe eines Anfangszustandes erforderlich. Man spricht dann auch von Integration.
Dabei werden kontinuierliche Funktionen vorausgesetzt. Unstetigkeiten bereiten Schwierigkeiten.

Konstruktiv entsprechen den stetigen Funktionen die Analogrechner. Bei der Simulierung von physikalischen Vorgängen spielt dabei das Problem der Genauigkeit eine wesentliche Rolle. Bei der Integration können sich Fehler aufaddieren.

## I2) Digitalisierte Modelle

Bei einem digitalisierten Modell liegen die Verhältnisse etwas anders. Zum Beispiel sei y die Anzahl der in einem Gebäude befindlichen Personen. Zur laufenden Bestimmung von y kann man eine Eingangs- und Ausgangskontrolle einführen. Da y eine ganze Zahl ist, können auch nur ganzzahlige Änderungen eintreten. Bei gegebenem Anfangszustand kann die jeweilige Personenzahl y durch Addieren bzw. Subtrahieren der Zu- und Abgänge errechnet werden. Es handelt sich um einen digitalen Prozess. Es können bei einwandfreiem Arbeiten auch nach beliebig langer Zeit keine Fehler durch die Summierung eintreten. Man kann dieses Modell durch Quellen und Senken ergänzen, wenn man annimmt, dass in dem Gebäude Menschen geboren werden und sterben.

I3) Digitale Maschinen arbeiten mit diskreten Zuständen. Die einfachste Form stellt der "Zuordner" dar (Bild I-1).

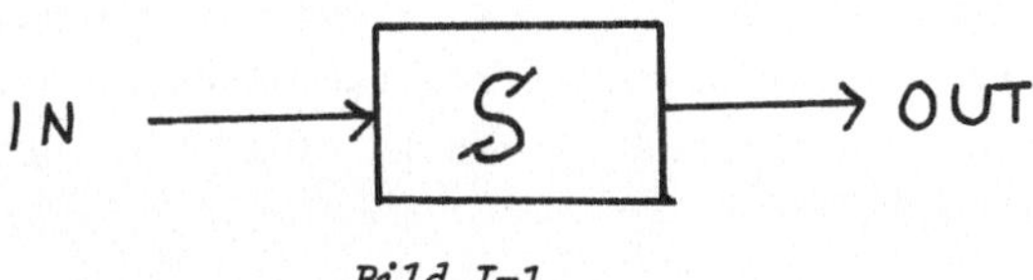


*Bild I-1*

*Ein Zuordner oder eine Schaltung S hat einen Eingang IN (Input) und einen Ausgang OUT (Output). OUT ist eine Funktion von IN.*

Die Schaltung S hat einen Eingang IN (Input), der mehrere diskrete Zustände annehmen kann und eine Ausgabe OUT (Output), die ebenfalls mehrere diskrete Zustände annehmen kann. OUT ist eine Funktion von IN. Sowohl IN als auch OUT können dabei durch verschiedene Elemente dargestellt werden, z.B. durch aussagenlogische Variable. Hierauf baut die Schaltungsmathematik auf. Dabei können die Regeln der Aussagenlogik systematisch den Regeln der Schaltungen (z.B. Relais-Schaltungen) gegegenübergestellt werden.

Die zeitliche Dauer der Schaltvorgänge wird dabei im allgemeinen ausser Betracht gelassen. Es wird lediglich vorausgesetzt, dass nach einer gewissen Zeit sich OUT als Funktion von IN einstellt.

Bei praktisch ausgeführten Rechenmaschinen handelt es sich jedoch um Schaltwerke, bei denen die einzelnen Bauelemente in periodischen Abläufen mehrmals hintereinander in Funktion treten. Z.B. wird im allgemeinen eine Multiplikation durch wiederholte Additionen auf demselben Addierwerk durchgeführt. Schon bei der Entwicklung der ersten Computer stellte sich heraus, dass eine strenge Taktung der Vorgänge günstig ist. Jedem Takt kann ein Zustand des Systems zugeordnet werden. Eine Rechnung wird durch eine Folge von Zuständen dargestellt.

I4) Computer

Die Entwicklung solcher Schaltwerke hat in den letzten 40 Jahren zu immer komplexeren Formen geführt, die wir heute als "Computer" bezeichnen. Das Wesentliche ist dabei die Programmsteuerung und die Möglichkeit,

Informationen in allgemeinster Form zu speichern. Während die ersten Computer im wesentlichen numerischen Rechnungen dienten, haben wir es heute mit einer allgemeinen Informationsverarbeitung zu tun, Dabei stellt auch das Programm eine Information dar, die Gegenstand einer Verarbeitung sein kann, also auf sich selbst zurückwirkt. Das wiederum erfordert neue Mittel, um klare Anweisungen an einen derartig flexiblen Computer geben zu können.

I5) Algorithmische Sprachen

Aus dieser Situation heraus sind die algorithmischen Sprachen entstanden. Die erste konsequent in dieser Richtung aufgebaute Sprache war der vom Verfasser entwickelte Plankalkül. Er diente zunächst zur Beschreibung und Formulierung von Datenverarbeitungsprozessen unabhängig davon, ob diese durch Hardware (Schaltungen) oder Software (Programme) gelöst werden. Die Möglichkeit, die Programme selbst als Daten aufzufassen und in flexibler Weise durch Programme zu bearbeiten, war dabei von vornherein vorgesehen. Später folgten andere Sprachen, die der Programmierung der inzwischen weiter entwickelten Computer dienten. Wir haben heute ein sehr buntes Bild verschiedener algorithmischer Sprachen, die sich mehr oder weniger gut bewährt haben. Wesentlich ist dabei folgender Gesichtspunkt. Der Plankalkül (L 17, L18) und die meisten anderen algorithmischen Sprachen stellen in ihrer ursprünglichen Konzeption "logische algorithmische Sprachen" dar. Dabei geht es zunächst lediglich um die klare Formulierung der Abhängigkeit der Resultatwerte von den gegebenen Eingabewerten.

Man kann sich also in Bild I-1 die Schaltung S als einen Computer mit einem Programm vorstellen, bei dem Resultatwerte als Funktion von Eingabewerten errechnet werden.
Wesentlich ist dabei noch die Möglichkeit, sämtliche Datenstrukturen in Bit-Kombinationen aufzulösen bzw. sie aus ihnen zusammenzusetzen.
Der Satz

"Die Datenverarbeitung beginnt mit dem Bit"

sollte daher als Leitmotiv eines jeden Lehrbuchs über Datenverarbeitung dienen. Wesentliche Kennzeichen algorithmischer Sprachen sind daher die verschiedenen Arten des Aufbaus flexibler Datenstrukturen, die Verwendung bedingter Befehle für alternative Bearbeitungszweige und iterative Rechnungen, ferner die Möglichkeit, komplexe Programme aus Unterprogrammen zusammenzusetzen.

Die logische algorithmische Sprache nach Art des Plankalküls (L 17, L 18) gibt bewusst keine Anweisungen über eventuelle mögliche parallele Bearbeitung von einzelnen Zweigen des Programms. Allerdings bestehen in dieser Hinsicht keine allgemein gültigen Definitionen für den Aufgabenbereich einer algorithmischen Sprache. Moderne Computer haben einen sehr komplexen Aufbau und erlauben es, die vorhandenen Mittel in sehr verschiedener Weise in zeitlicher Hinsicht einzusetzen, um eine möglichst gute Effizienz des gesamten Systems (also Computer einschliesslich Programm) zu erreichen. Daher wurde in manchen modernen algorithmischen Sprachen, z.B. Algol 68, die Möglichkeit vorgesehen, Hinweise auf erlaubte parallele Ausführungen von Rechnungen zu geben.(Z.B. Trennung mehrerer Anweisungen durch Komma oder durch Semikolon.) Dadurch wird der Bereich der algorithmischen Sprache aber wesentlich über das bisherige Aufgabengebiet hinaus erweitert. Dies hat mit zur Entwicklung der P-Netze geführt, da sie eine klare Beschreibung "nebenläufiger Prozesse" erlauben.

I6) Automatentheorie

Als eine weitere Basis für die Entwicklung der P-Netze kann man die Automatentheorie betrachten. Wir sahen bereits, dass sich bei Computern eine strenge Taktung der aufeinanderfolgenden Schaltvorgänge bewährt und dass eine Rechnung symbolisch durch eine Folge von Zuständen dargestellt werden kann. Aus dieser Betrachtungsweise hat sich die Automatentheorie entwickelt, wobei man die bei Computern bewährte Methode auch auf andere Objekte anwenden kann. (L 21)

Die Automatentheorie arbeitet mit einer diskreten Folge von Zuständen. Das hat folgenden Vorteil:
Die Komponenten der Zustände brauchen nicht in die Betrachtung mit einbezogen zu werden. Dadurch ist eine neutrale Betrachtung möglich. Z.B. braucht bei einem Zählwerk nicht zwischen einem im dezimalen und einem im binären Zahlensystem arbeitenden Gerät unterschieden zu werden. Von Belang ist lediglich die Unterscheidung der möglichen Zustände nach aussen und ihre gegenseitigen Beziehungen (Übergänge).

Die Änderungen werden durch die Eingaben bestimmt. Man spricht von einem Eingabe-Alphabet, welches die möglichen Eingaben (Buchstaben) enthält und von einem Eingabewort, welches durch die aufeinanderfolgenden Eingabebuchstaben gebildet wird. Im übertragenen Sinn stellt das Eingabewort die erste Ableitung der Ablauffunktion dar. Man kann also von einer Art Integration sprechen.

Es kann ferner ein Ausgabe-Alphabet definiert werden. Die Ausgabe ergibt sich dann jeweils als Funktion der Eingabe und des alten bzw. neuen Zustandes. Oft kann auf eine besondere Ausgabe verzichtet werden, wenn man diese mit den Zuständen des Automaten gleich setzt. Eine sehr anschauliche Darstellungsform eines Automaten ist der Zustandsgraph. Dabei sind den Knoten die Zustände und den gerichteten Kanten die Übergänge zugeordnet. Hierauf wird im nächsten Abschnitt I7) eingegangen.

Es ergeben sich beim Arbeiten mit der Automatentheorie folgende Nachteile:

a) Bereits bei verhältnismässig einfachen Modellen wird die Anzahl der möglichen Zustände sehr gross. Bei einer Rechenmaschine mit n binären Bauelementen (z.B. Relais) ist die Zahl der möglichen Zustände $= 2^n$. Das Verhalten eines Computers oder auch nur seines arithmetischen Teils kann also unmöglich direkt durch die Automatentheorie beschrieben werden.
b) Bei komplexen Vorgängen haben wir keine strenge zeitliche Taktung. Verschiedene Prozesse können unabhängig voneinander ablaufen, insbesondere für parallele Prozesse kann die Automatentheorie daher nicht immer befriedigende Modelle liefern.

Die erwähnten Punkte haben die Anwendungsmöglichkeiten dieser Theorie auf solche Modelle beschränkt, bei denen die Nachteile nicht besonders ins Gewicht fallen.

Solch ein Fall liegt im Rahmen der Theorie der Formalen Sprachen vor. Hier wird mit Zeichenfolgen (Eingabe-Alphabet bzw. Eingabewort) gearbeitet. Der Automat selbst kann z.B. der Überwachung bzw. Bearbeitung der Übergänge von einem Buchstaben des Eingabewortes zum nächsten dienen. Dabei ist die Zahl der möglichen Zustände beherrschbar. Allerdings hat diese Arbeitsmethode auch zu entsprechenden Beschränkungen der zu behandelnden Sprachen geführt (z.B. Chomsky-Grammatiken).

Eine andere Anwendungsmöglichkeit bietet der zellulare Automat (ZA). Bei homogenem Aufbau braucht nur eine diskrete stark begrenzte Anzahl von Zuständen der einzelnen Zellen beschrieben zu werden (im Extremfall nur zwei Zustände je Zelle). Auch die Schwierigkeiten bei einem parallelen Ablauf lassen sich durch strenge Taktung umgehen.

Darüber hinaus kann die Automatentheorie als Werkzeug zur Behandlung abstrakter Gedankengebäude dienen.

Die wesentlichen Grundkenntnisse über die Automatentheorie werden in dieser Schrift vorausgesetzt. Allerdings wird angestrebt, die Begriffe dieser Theorie möglichst elementar und allgemein verständlich zu benutzen und darzustellen.

I7) Graphentheorie

Ein wichtiges Hilfsmittel stellt die Graphentheorie dar. Sie ist eine Erweiterung des bereits vor der Computerzeit von den mathematischen Logikern entwickelten Relationenkalküls. Auch die Grundbegriffe der Graphentheorie werden hier als bekannt vorausgesetzt, jedoch werden die im Zusammenhang mit dieser Schrift wichtigen Punkte nochmals erklärt. (L 20)

Ein Graph besteht aus einer Menge von Knoten, die durch Kanten bzw. Pfeile miteinander verbunden sind. Bei Verwendung von Kanten als Verbindungslinien handelt es sich um einen ungerichteten und bei Verwendung von Pfeilen um einen gerichteten Graphen. Dabei sind auch gemischte Formen möglich.

Entsprechend der allgemeinen Definition können Graphen mehrfache Kanten (ungerichtet oder gerichtet) enthalten, d.h. zwei Knoten können durch mehrere parallele Kanten miteinander verbunden sein, Ferner erlaubt die Graphentheorie isolierte Knoten, also solche, die nicht durch Kanten an andere angeschlossen sind. Durch diese beiden Punkte unterscheiden sich die Graphen von den Pfeilfiguren der mathematischen Logik, wie sie zur graphischen Darstellung einer Relation benutzt werden. In diesem Buch soll jedoch nur mit Graphen ohne Doppelkanten und isolierte Knoten gearbeitet werden. Das erleichtert in vieler Hinsicht die formale Behandlung und erlaubt es trotzdem, mit bewährten Begriffen der Graphentheorie zu arbeiten.

Ein solcher Graph kann durch eine Paarliste beschrieben werden, bei der jedes Paar zwei Knoten angibt, die durch eine Kante verbunden sind. Bei ungerichteten Graphen handelt es sich also um ungeordnete und bei gerichteten Kanten um geordnete Paare. Entsprechend der allgemeinen Definition für Graphen können dieselben Paare mehrfach auftreten, bei der soeben erwähnten Beschränkung kann jedes Paar jedoch nur höchstens einmal in der Paarliste angeführt sein. Die Paarliste ist dann, mathematisch gesehen, eine Teilmenge des kartesischen Produktes AxA, wenn wir unter A die Menge der Knoten verstehen. Den einzelnen Knoten werden dabei Bezeichnungen zugeordnet.

Eine weitere Darstellungsform ist die Matrix. In der allgemeinen Graphentheorie, die also auch Doppelkanten erlaubt, arbeitet man mit der "Inzidenzmatrix", durch welche die Verbindung zwischen Knoten und Kanten bzw. Pfeilbasis und Pfeilspitze gekennzeichnet werden. Dazu müssen auch die Kanten Bezeichnungen tragen. Bei Vermeidung von Doppelkanten kann man mit einer vereinfachten Matrix arbeiten, wie es in der mathematischen Logik zur Darstellung einer Relation seit langem üblich ist, wobei die Elemente der Matrix aussagenlogische Werte sind.

Die Paarliste eignet sich gut zur Behandlung eines Graphen durch Computer. Die zeichnerische Darstellung ist besser der Arbeitsweise des Menschen angepasst. Dabei lässt das einem Graphen zugeordnete Bild allerdings viele Ausführungsformen zu. Die "Gestaltung" eines Graphen erfolgt dabei möglichst so, dass die wichtigsten Eigenschaften übersichtlich "auf einen Blick" erkennbar sind. Darin liegt ja der wesentliche Unterschied zwischen der Arbeitsweise des Menschen und der Maschine. Der Entwurf eines "schönen" Graphen kann zu einer künstlerischen Tätigkeit werden.

Als Beispiel zeigt Bild I-2 einen gerichteten Graphen als Paarliste, als Matrix und in zwei graphischen Versionen. Nur die zweite graphische Darstellung gestattet es, mit einem Blick zu erkennen, dass es sich um zwei getrennte Teilgraphen handelt.

Die Bilder I-3, I-4, I-5, I-6 und I-7 geben noch einige Beispiele für besondere charakteristische Formen von gerichteten Graphen wie Kette, Ring, Ring mit einlaufenden Ketten, Baum und verzweigtes Netz. In Bild I-8 ist der ungerichtete Graph eines Verkehrsnetzes dargestellt.

Bild I-9 zeigt als Beispiel den Zustandsgraphen eines Automaten. Als Modell dient ein Zählwerk, welches es gestattet, von 0 bis 4 vorwärts und rückwärts zu zählen. Ausser diesen 5 Zuständen wird mit den Zuständen $< 0$ und $> 4$ gearbeitet, die bei Überschreiten oder Unterschreiten der Zählergrenzen belegt werden. Ferner brauchen wir einen Zustand "?", weil z.B. bei dem gegebenen Zustand $> 4$ und dem Befehl -1 keine klare Aussage über das Ergebnis der Operation gemacht werden kann. Als Eingabe haben wir 3 Tasten

| | |
|---|---|
| +1 | Vorwärtszählen |
| -1 | Rückwärtszählen |
| L | Löschen |

1,3
3,5
5,1
2,4
4,6
6,2

*Paarliste*

| | 1 | 2 | 3 | 4 | 5 | 6 |
|---|---|---|---|---|---|---|
| 1 | | | x | | | |
| 2 | | | | x | | |
| 3 | | | | | x | |
| 4 | | | | | | x |
| 5 | x | | | | | |
| 6 | | x | | | | |

*Matrix*

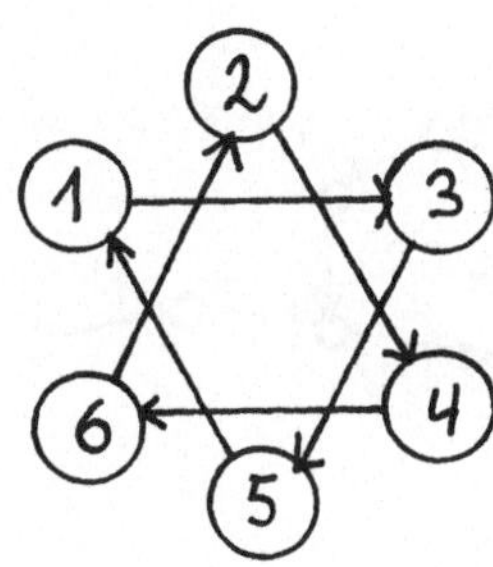


*Graph 1*

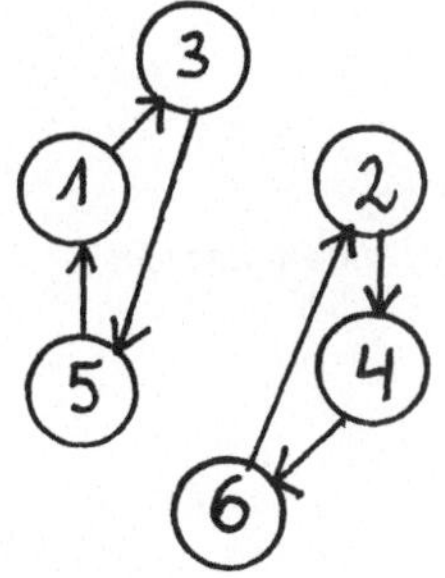


*Graph 2*

*Bild I-2*
*Paarlisten, Matrix, Graph 1, Graph 2*
*Dieselbe Relation dargestellt in 4 verschiedenen Formen.*

Der Graph des Automaten enthält Schleifen bei den Zuständen ⟨ 0, ⟩ 4 und ?. Sie bedeuten, dass bei den entsprechenden Eingabewerten der neue Zustand gleich dem alten ist. Solche Schleifen können daher in vereinfachten Darstellungen auch fortgelassen werden.

## I8) Petri-Netze

Die im Abschnitt I6) S. 10 erwähnten Nachteile der Automatentheorie werden durch die P-Netze weitgehend behoben.

Zunächst seien nur folgende charakteristische Merkmale erwähnt:

- P-Netze sind gerichtete Graphen mit zwei Arten von Knoten (mit der Einschränkung, dass Doppelkanten ausgeschlossen sind). Solche Graphen werden auch als "labelled graph" bezeichnet, da die Knoten durch die Typenbezeichnung ergänzt sind.

*Bild I-3 Kette*

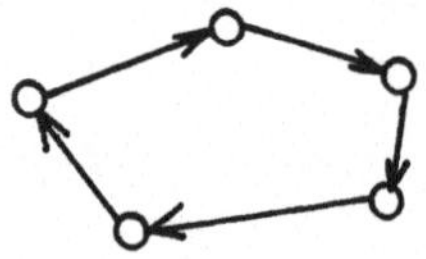

*Bild I-4 Ring*

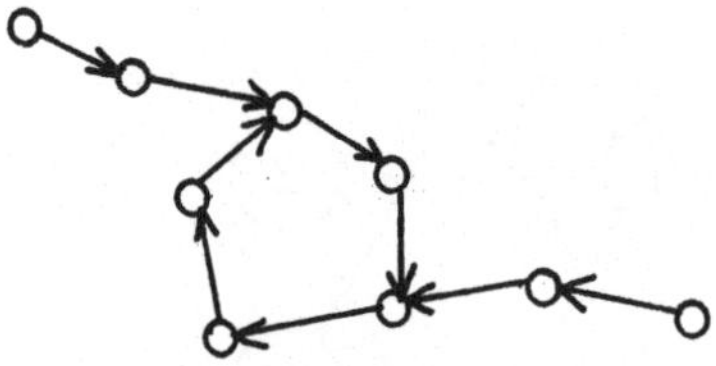

*Bild I-5 Ring mit einlaufenden Ketten*

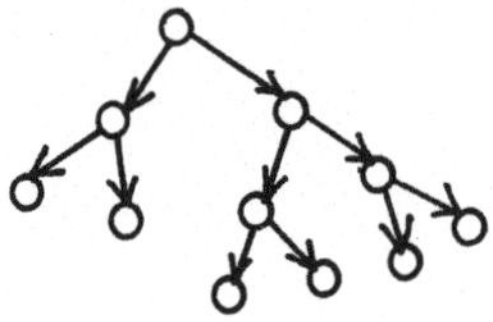

*Bild I-6 Baum*

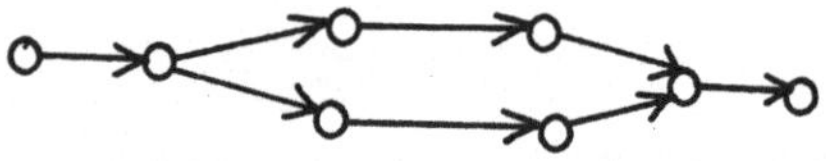

*Bild I-7 Verzweigter Graph*

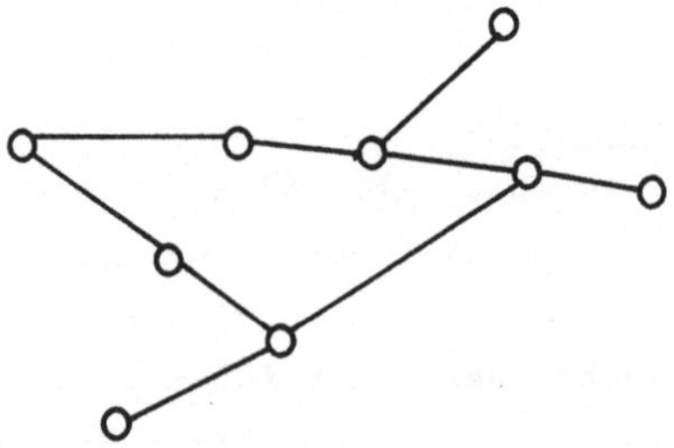

*Bild I-8 Verkehrsnetz*

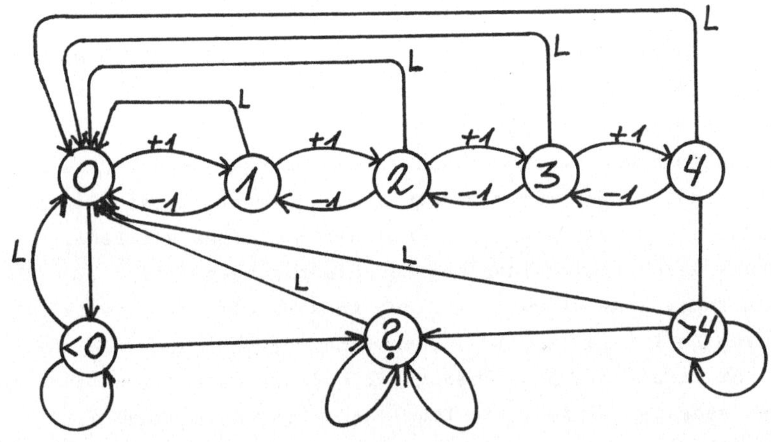


*Bild I-9*

*Graph für ein Zählwerk*

*Zustände: 0,1,2,3,4 normale Zählerzustände*

*<0, >4 Unterschreitung und Überschreitung*

*? Unbestimmt*

*Eingabe: +1, -1,*

*L Löschen*

- P-Netze erlauben die Zerlegung eines Automaten in mehrere Komponenten, die je für sich als Automat mit mehreren Zuständen betrachtet werden können.
- Anstelle einer zeitlichen Taktung tritt der Begriff der Nebenläufigkeit (concurrency).
- P-Netze erlauben die Darstellung von Alternativen, Konfliktsituationen, parallelen Abläufen usw.
- Es werden gegenüber der Automatentheorie neue Begriffe wie Lebendigkeit, Deadlock usw. eingeführt.

I9) <u>Zustände, Bedingungen und Transitionen</u>

Diese z.T. schon erwähnten Begriffe wollen wir etwas eingehender analysieren.

Die Schaltalgebra arbeitet mit Bauelementen, welche verschiedene Zustände einnehmen können. Den Elementarfall stellen binäre Schaltelemente dar mit nur zwei diskreten Zuständen (Relais, Flip-Flop, diskrete Spannungsniveaus eines Leiters usw.). Dabei wird ein solches Element in der Schaltung nur durch ein einziges grafisches Symbol dargestellt.

Die Beschränkung auf zwei Zustände stellt eine Abstraktion dar. Mindestens für jedes konstruktiv gegebene Element gilt, dass es Übergangszustände zwischen den beiden Grenzfällen gibt. Eine eingehende Analyse der technisch bzw. physikalisch möglichen Zustände eines Bauelementes kann ein sehr buntes Bild ergeben. Bei einem mechanischen Element (Hebel, Relaisanker usw.) können nicht nur Grenz- und Zwischenpositionen von Bedeutung sein, sondern auch Geschwindigkeiten und Beschleunigungen. Das gilt z.B. für eine Bahnschranke. Eine klare Einteilung in diskrete Zustände ist meistens nur durch Definition möglich. Eine Bahnschranke, die sich bewegt, gilt vor dem Gesetz als geschlossen. Allerdings kann "sich bewegen" verschieden gedeutet werden. Ein Bauelement (Schranke) kann z.B. am Ende der Schaltbewegung zittern, prellen oder sich einschwingen.
Die Einteilung der Jahreszeiten in Frühling, Sommer, Herbst und Winter ist für ein bestimmtes Land durch Gesetz festgelegt. Der natürliche Vorgang des Wandelns der Jahreszeiten ist jedoch sehr kompliziert.

Bei einer theoretischen Betrachtung wird also meistens nur, wie mit einem Stroposkop, ein bestimmter Moment aus den dynamischen Vorgängen, die mit einem Objekt verbunden sind, herausgeschnitten, wobei stabile Grenzzustände bevorzugt werden. Das gilt insbesonders für elektrische Schaltungen, bei denen die Information oft durch Spannungsimpulse repräsentiert wird. Der ideale Rechteckimpuls (Bild I-10) wird z.B. auf dem Wege einer Übertragung verformt (Bild I-11). Nur in einem bestimmten Zeitabschnitt $\Delta t$ kann die Information (Bit) "gelesen" werden. Die Spannung u muss dabei eindeutig über einem oberen Wert u2 oder unter einem unteren Wert u 1 liegen.

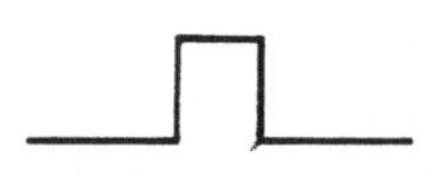

*Bild I-10*

*Rechteck-Impuls*

*Bild I-11*

*Verzerrter Rechteck-Impuls*

$\Delta t$ *brauchbarer Bereich*

$U_1$, $U_2$ *Grenzspannungen*

Bei Signalen, z.B. Verkehrsampeln, ist die Zeitdauer des Übergangs von einem Zustand zum anderen im allgemeinen so kurz, dass sie ausser Betracht gelassen werden kann. Z.B. ist die Reaktionszeit einer Glühbirne etwa zehnmal so schnell wie die des menschlichen Auges. Im Gegensatz zur Bahnschranke brauchen also keine gesetzlichen Vereinbarungen für Zwischenzustände festgelegt zu werden. In anderen Fällen kann die Missachtung von Übergangszuständen gefährliche Folgen haben, wie z.B. beim Schliessen von Fahrstuhltüren, Umschalten einer Weiche und dergleichen.

Oft gibt es ausser den Betriebszuständen auch noch den Zustand "ausser Betrieb", welcher gleichberechtigt neben die normalen Betriebszustände einer Verkehrsampel "rot", "gelb", "grün" treten kann. Magnetische Aufzeichnungsträger arbeiten im allgemeinen nur mit den Zuständen der gesättigten Magnetisierung in der einen oder der anderen Richtung. Der Zustand "nicht magnetisiert" ist technisch schwer zu verwirklichen und wird daher nicht als solcher verwendet. Bei einer Verkehrsampel gelten die Zustände rot, gelb, grün nur für die Ampel selbst. Im Rahmen der Gesamtsteuerung für die Signale einer Strassenkreuzung kann gelb sowohl die Zwischenstufe von rot auf grün als auch umgekehrt bedeuten. Das geht aber nur aus der Position entsprechender Schaltelemente der Steuerung hervor.

Oft besteht das Signal jedoch nicht in einem statischen Zustand sondern in einem Zustandsübergang, z.B. bei den Signalflanken. Der Vorgang des Spannungswechsels löst dabei andere Vorgänge aus. Dabei handelt es sich im Sinne der P-Netze jedoch um das Schalten einer Transition bzw. um ein Ereignis.

Die Automatentheorie ordnet jeder wesentlichen Konstellation der Bauelemente eines konstruktiv gegebenen oder gedachten Automaten einen Zustand zu und stellt ihn durch ein grafisches Symbol (z.B. Knoten eines Graphen) dar. Diese Symbole repräsentieren also nicht immer (wie bei Schaltungen) Bauelemente, sondern oft auch kombinierte Zustände einer Menge von Bauelementen. Im Elementarfall eines Automaten mit nur einem binären Bauelement wird dieses also (im Gegensatz zur Schaltalgebra) normalerweise durch zwei Symbole repräsentiert, welche den beiden möglichen Zuständen entsprechen (z.B. O, L).

Auch die P-Netze arbeiten im Sinne der Automatentheorie mit Zuständen, die man auch als Bedingungen auffassen kann. Im Gegensatz zur traditionellen Automatentheorie können jedoch jeweils mehrere solcher Bedingungen gleichzeitig bzw. unabhängig voneinander (nebenläufig) erfüllt sein. Die Bedingung entspricht einem zweiwertigen Zustand (erfüllt oder nicht erfüllt). In der Automatentheorie wird angenommen, dass ein System (der Automat) mehrere Zustände annehmen kann, dabei wird jedem möglichen Zustand ein Knoten des Zustandsgraphen zugeordnet (Zustandsgraph). Die P-Netze erlauben es jedoch, auch einem Zustandsknoten mehr als zwei Werte zuzuordnen (wie wir später sehen werden (Seite 23), durch Belegung mit mehr als einer Marke). Von dieser Möglichkeit wird in dieser Arbeit jedoch kaum Gebrauch gemacht.

Der Zustand eines Schaltwerks wird also durch die Positionen seiner Elemente gekennzeichnet - der Zustand eines einfachen Automaten durch Nennung des gerade gegebenen Zustandes - und der Zustand eines durch ein P-Netz dargestellten Systems durch die Kennzeichnung der erfüllten Bedingungen.

Dabei bestehen allerdings folgende Unterschiede:

- Bei einem Schaltwerk können im allgemeinen alle möglichen Kombinationen der Positionen (O, L) der Elemente auftreten. Z.B. können sämtliche Glieder die Position O bzw. sämtliche die Position L einnehmen.
- Bei der normalen Automatentheorie muss stets genau einer der möglichen Zustände erfüllt sein.
- Bei P-Netzen können gleichzeitig bzw. nebenläufig mehrere Bedingungen erfüllt sein. Eventuelle Beschränkungen hängen von der Interpretation ab.

Ein Schaltvorgang besteht bei einem Schaltwerk oft darin, dass durch eine Menge von Schaltelementen A eine andere Menge von Schaltelementen B geschaltet wird. Bei binären Elementen (also solchen, die zwei stabile Zustände einnehmen können) sind die Elemente von B eine aussagenlogische Funktion der Elemente von A. Oder genauer ausgedrückt: die binären Positionen der Elemente von B sind eine aussagenlogische Funktion der binären Position der Elemente von A. Von dieser Feinheit der Betrachtung kann man aber absehen, wenn man voraussetzt, dass die Schaltelemente die ihnen zugeordneten aussagenlogischen Werte repräsentieren.

Bei einem zyklisch arbeitenden Schaltwerk können die Positionen von B wieder auf die Positionen von A zurück übertragen werden. Dabei wird im allgemeinen so vorgegangen, dass die Elemente von A, nachdem sie durch Schalten der Elemente von B wirksam geworden sind, insgesamt gelöscht werden und durch B wieder neu eingestellt werden. Dabei braucht der zweite Vorgang, nämlich das Schalten der Elemente von A durch die Elemente von B keine reine Übertragung zu sein, sondern er kann ebenfalls logische Schaltoperationen enthalten. Das ergibt dann die im Zweitakt arbeitenden logischen Rechenwerke. Der "Übergang" in einem Schaltwerk besteht also im allgemeinen in einer Neubildung sämtlicher einzelnen Positionen. Aus diesem Grund ist es in der Schaltalgebra auch nicht üblich, dem Übergangsbegriff besondere Beachtung zu schenken.

In der Automatentheorie und insbesondere bei den P-Netzen steht der Übergang jedoch im Mittelpunkt der Betrachtung. Da beim P-Netz der Systemzustand durch die Erfüllung mehrerer Einzelzustände bzw. Bedingungen gekennzeichnet ist, wird er durch die Aufzählung der erfüllten Bedingungen beschrieben. Diese bilden eine Teilmenge aller Bedingungen, welche auch mit "Fall" (case) bezeichnet wird. Dabei spielt der Begriff der "Nebenläufigkeit" eine wichtige Rolle. Die zu einem Fall zusammenfassbaren Bedingungen können gleichzeitig gegeben sein, müssen es aber nicht.

Besondere Beachtung erfordern die "Resourcen-Probleme". Dabei wird mit den Zuständen "frei" und "belegt" bzw. "besetzt" einer Systemkomponente gearbeitet. Z.B. kann bei einer Werkzeugmaschine ein Bereitstellungsplatz für ein Werkstück die Zustände "frei" und "belegt" einnehmen. Die Zustände sind dabei im allgemeinen an die Existenz eines materiellen Gegenstandes gebunden, für den Erhaltungsgesetze gelten. Man kann automatentheoretisch den Zustand auch an diesen Gegenstand binden und dann mit dem Zustand "Gegenstand A befindet sich auf Station B" usw. arbeiten. Im Eisenbahnsicherungswesen kann man die Besetzung eines Blockes mit einem Zug zum wesentlichen Kennzeichen des Zustandes machen, und zwar einmal durch die Aussage "Block X ist besetzt mit Zug Y", zum anderen durch die Aussage "Zug Y befindet sich in Block X". Im ersten Fall betrachtet man den Zustand des Blockes als Systemelement, im zweiten Fall den Zustand des Zuges. Arbeitet man zugleich mit beiden Verfahren, so ergibt sich eine Redundanz, die zu Kontrollzwecken ausgenutzt werden kann.

Beim später erklärten Markenspiel (Seite 22) können die Marken unmittelbar als Symbol der Objekte bei Resourcen-Problemen dienen. Die Belegung eines Platzes mit einer Marke kann dann z.B. der Besetzung eines Blockes mit einem Zug entsprechen.

Ähnliche Überlegungen kann man auch auf die theoretische Physik anwenden. Wir haben einmal die feldmässige Betrachtung, wobei durch die Felder den einzelnen Punkten des betrachteten Raumes Zustände, z.B. Potentiale, Vektoren usw. zugeordnet werden. Der Verfasser hat in seiner Arbeit über den Rechnenden Raum (L 15) den Versuch unternommen, hierfür das Hilfsmittel der Zellularen Automaten einzusetzen. Man kann aber auch im Sinne der Teilchenphysik mit beweglichen aber sich erhaltenden Objekten wie Ladung, Spin usw. arbeiten, die miteinander und zum Raum in Beziehung stehen. In diesem Sinn arbeiten die Feynman-Diagramme.

## Zusammenfassung von Kapitel I

In Zusammenhang mit der Entwicklung der Computer sind eine Reihe neuer Disziplinen entstanden, um der Computer-Wissenschaft, die wir heute auch als "Informatik" bezeichnen, einen soliden theoretischen Unterbau zu geben. Dabei spielt die Digitalisierung von Prozessen und Funktionen eine wichtige Rolle. Zur Automatentheorie, der Graphentheorie und der Theorie der algorithmischen Sprachen kommen die Petri-Netze hinzu, die vorwiegend parallele und nebenläufige Prozesse behandeln.

Begriffe wie Zustand und Übergang spielen dabei eine wichtige Rolle und werden analysiert.

# II Einführung in die P-Netze

## II1) Kurze Beschreibung der P-Netze (Transitionsnetze)

Formal kann ein P-Netz als ein Graph mit besonderen strukturellen Eigenschaften aufgefasst werden:

- Das Netz ist ein gerichteter Graph
- Das Netz enthält zwei Arten von Knoten: "Plätze" und "Transitionen"
- Die Kanten bzw. Pfeile des Graphen laufen entweder von Plätzen zu Transitionen oder umgekehrt. Doppelte Kanten bzw. Pfeile sind ausgeschlossen.
- Das Netz enthält keine isolierte Knoten und keine mehrfachen Kanten.

In der graphischen Darstellung empfiehlt es sich, verschiedene Symbole für die beiden Arten von Knoten zu verwenden. Allgemein eingeführt sind folgende Symbole:

○ für Plätze

□ für Transitionen

An Stelle des Symbols □ kann auch ein Rechteck oder ein Querstrich, welcher eine Transition darstellt, gewählt werden. Bild II-1 zeigt einige Beispiele für P-Netze. Für die Knotenart "Platz" wird auch oft der Ausdruck "Stelle" verwendet. Das erinnert jedoch an eine Dienststelle, bei der etwas geschieht, und die eher der Instanz, also der Transition entspricht.

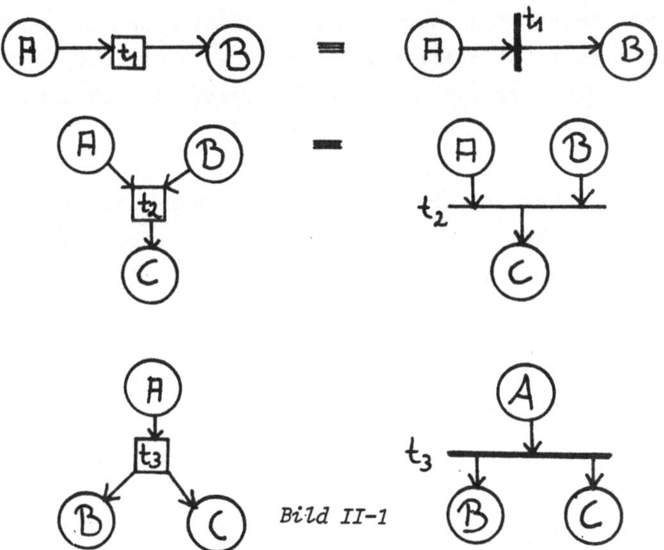


*Bild II-1*

*Verschiedene Elementarformen von P-Netzen mit zweierlei Darstellungsart der Transitionen*

Ein Netz stellt ebenso wie ein Graph oder eine durch einen Graphen dargestellte Relation ein statisches Gebilde dar, das jedoch als Basis für dynamische Vorgänge dienen kann. So wird z.B. in der Automatentheorie durch den Graphen das Verhalten des Automaten beschrieben. Die strukturellen Eigenschaften der P-Netze werden durch Regeln für das dynamische Verhalten ergänzt.

Die Plätze entsprechen den Zustandsknoten eines Automaten. Da jedoch in einem P-Netz der Zustand des gesamten Systems durch mehrere Komponenten bzw. Plätze repräsentiert wird, kann man die Plätze als Träger von Bedingungen auffassen (Bedingungsplätze, wenn besonders betont werden soll, dass der Platz als solcher nur zwei Zustände annehmen kann). Es ist auch üblich, sofern Verwechslungen ausgeschlossen sind, einen Bedingungsplatz kurz als Bedingung zu bezeichnen. Dabei ist jedoch folgender Unterschied zu beachten: ein Platz ist ein statisches Element (Knoten) des unveränderlich gegebenen Netzes. Er ist vorhanden ohne Anfang und Ende. Ein Zustand bzw. eine Bedingung beginnt und endet.

Die Transitionen entsprechen den durch die Eingabe gekennzeichneten Übergangspfeilen der Automatentheorie (siehe Bild I-9). Bei P-Netzen können bei einer Transition jedoch mehrere einlaufende und mehrere auslaufende (nachfolgende) Plätze vorliegen. So hat in Bild II-1 t1 einen einlaufenden und einen auslaufenden Platz, t2 jedoch zwei einlaufende und t3 zwei auslaufende Plätze. Mit dem Schalten einer Transition enden die einlaufenden und beginnen die auslaufenden Bedingungen. Dabei stellen die Begriffe "Ende" und "Beginn" oft eine Abstraktion dar, (vergl. S. 15) bei der eventuelle physikalische und technische Übergangszustände vernachlässigt werden.

Man kann ein Netz als Spielbrett auffassen, auf dem "Markenspiele" durchgeführt werden. Das Netz beschreibt das Verhalten eines Systems in allgemeiner Form. Durch das Markenspiel wird ein bestimmter Ablauf verfolgt bzw. simuliert. In jeder "Spielsituation" ist eine bestimmte Teilmenge der Plätze des Netzes "markiert". Der Spieler bewegt die Marken entsprechend den Spielregeln. Dabei können - falls erforderlich - auch Marken entnommen bzw. neu gesetzt werden. An die Stelle eines Spielers können auch mehrere treten bis zum Grenzfall, dass jeder Transition ein eigener Spieler zugeordnet ist.

In bezug auf die Belegung der Plätze mit Marken (Markierung) sind verschiedene Spielregeln möglich:

Die spezielle Spielregel (strong rule) setzt voraus, dass jeder Platz nur mit höchstens einer Marke belegt sein darf. Dann repräsentiert der Platz eine Bedingung, die entweder erfüllt ist oder nicht. Man kann dem Markierungszustand des Platzes also ein bit Information zuordnen. Das gilt auch für den Zustandsgraphen der Automatentheorie, bei dem die Knoten Zuständen entsprechen, die entweder gegeben (erfüllt) sind oder nicht.

Die allgemeine Spielregel (soft rule) lässt die Belegung eines Platzes mit mehreren Marken zu. Dabei können für verschiedene Plätze verschiedene obere Grenzen der Markenzahl festgelegt werden, bzw. es können beliebig viele Marken zugelassen werden.

Die allgemeine Spielregel erlaubt es mitunter, komplizierte Zusammenhänge in konzentrierter Form darzustellen und wird daher in der Theorie der P-Netze oft bevorzugt. Die spezielle Spielregel entspricht jedoch mehr der Denkweise des Ingenieurs, zumal dann, wenn ihm die Automatentheorie geläufig ist. In Spezialfällen kann die Belegung eines Platzes mit mehreren Marken auch für den Ingenieur von Bedeutung sein, z.B. wenn der Zustand von Magazinen durch die Anzahl der Marken dargestellt werden soll. Die Theorie der P-Netze kennt noch den Begriff der "Sicheren Netze", bei denen aufgrund der Struktur des Netzes und eventuell einer gegebenen Anfangsmarkierung auch entsprechend der allgemeinen Regel eine Belegung von Plätzen mit beliebig vielen Marken nicht möglich ist. Eine besondere Unterklasse dieser sicheren Netze sind die "Einssicheren-Netze", bei denen nie mehr als eine Marke pro Platz auftreten kann. Bild II-2 zeigt ein Beispiel für ein nicht sicheres Netz. Die Plätze A und B sind über die Transitionen t1 und t2 zyklisch geschaltet. t1 belegt jedoch ausserdem einen Platz C, der bei der allgemeinen Regel beliebig viele Marken aufnehmen kann.

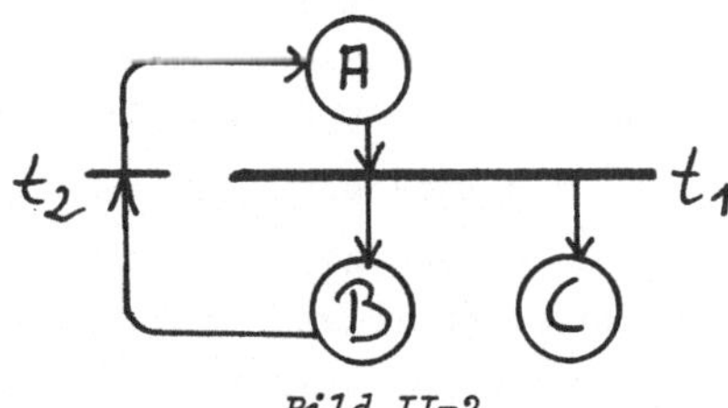


*Bild II-2*

*Ein nicht sicheres Netz. Der Platz C kann mehrmals belegt werden.*

Bei Transitionen ist zu unterscheiden zwischen

- der Aktivierung (concession) und
- dem Schalten (firing)
  worunter das tatsächliche Eintreten des Übergangs verstanden wird.

Eine Transition ist <u>aktiviert</u>

- entsprechend der speziellen Spielregel, wenn alle einlaufenden Plätze markiert und alle nachfolgenden Plätze nicht markiert sind,
- entsprechend der allgemeinen Spielregel, wenn alle einlaufenden Plätze mit mindestens einer Marke belegt sind und alle auslaufenden Plätze nicht bis zur Grenze ihrer Kapazität belegt sind. Das Letzte gilt allerdings nur, wenn eine obere Grenze für die Markenzahl eines Platzes beachtet werden muss.

Die bei der speziellen Spielregel bestehende Forderung, dass die Folgeplätze frei sind, ist allerdings oft bereits durch die Struktur des Netzes erfüllt. Das gilt z.B.,von Schleifen (Bild II-3) abgesehen, auch in der Automatentheorie, wo stets nur ein Zustandsknoten markiert sein darf, alle anderen also frei sein müssen.

*Bild II-3*

*Schleife. Die Transition t wirkt auf den Platz A zurück.*

Das <u>Schalten</u> (Firing) einer Transition darf nur unter der Voraussetzung ihrer Aktivierung erfolgen. Es besteht darin, dass bei allen einlaufenden Plätzen die Zahl der Marken um eins vermindert und bei allen nachfolgenden Plätzen um eins erhöht wird. Bei der speziellen Spielregel läuft dies darauf hinaus, dass von den einlaufenden Plätzen die Marken fortgenommen werden und auf die nachfolgenden Plätze Marken gelegt werden. Das Fortnehmen der Marke von einem einfach markierten Platz wollen wir auch als "Löschen" bezeichnen. Kann man einem einlaufenden Platz einen nachfolgenden zuordnen, so kann man das Schalten der Transition auch so interpretieren, dass die Marke vom einlaufenden zum nachfolgenden Platz wandert. Man spricht dann auch von einem Markenpfad. Über eine Transition können mehrere verschiedene Markenpfade laufen. Der Schaltvorgang wird in der Theorie normalerweise als zeitlos angenommen, d.h. es enden gleichzeitig die einlaufenden und beginnen die auslaufenden Bedingungen.

Die spezielle Spielregel führt zu der Konsequenz, dass Schleifen entsprechend Bild II-3 nicht möglich sind; denn derselbe Platz würde dann sowohl eine einlaufende als auch eine Folgebedingung einer Transition darstellen. Diese Transition könnte also nie schalten. Bei der allgemeinen Spielregel sind Schleifen erlaubt und können zur Darstellung von Nebenbedingungen dienen (siehe Abschnitt III2).

Im Folgenden werden - wenn nicht anders erwähnt - nur Netze mit der speziellen Spielregel behandelt. Dabei wird - sofern keine Verwechslungen möglich sind - der Ausdruck "speziell" fortgelassen.

Bezüglich der Frage, wann eine aktivierte Transition schaltet, bestehen keine generellen Vorschriften. Am einfachsten lässt sich folgendes festlegen: eine Transition soll nach ihrer Aktivierung "so bald wie möglich" schalten. Diese etwas unklare Formulierung kann durch die Interpretation (bzw.das dem Netz zugrundeliegende Modell) genauer präzisiert werden. Man kann jeder Transition eine "Instanz" bzw. einen "Spieler" zuordnen. Das können technische Einrichtungen (z.B. Verzögerungsschalter), Verkehrsmittel (z.B. Fahrstuhlkörbe) oder an einem Prozess beteiligte Personen (z.B. Fahrer eines Autos) sein.

Ein anschauliches Beispiel aus dem Eisenbahnsicherungswesen ist der Übergang eines Blockes vom Zustand "frei" auf "besetzt", der von verschiedenen Vorbedingungen abhängt. Die "Instanz" für die Durchführung der Transition ist in diesem Fall der Lokführer. Dabei sind allerdings noch verschiedene Grade der Verfeinerung der Simulation des Systems durch ein P-Netz möglich. Der tatsächliche Blockübergang erfolgt ja erst, nachdem der Lokführer den Zug in Bewegung gesetzt hat und dieser die Blockgrenze überschritten hat. Den eigentlichen Blockübergang bewirkt dann der fahrende Zug. Dabei ist noch zu beachten, dass ein Zug eine erhebliche Länge hat. Die Position des Zuges kann z.B. durch die Lage der Zugspitze definiert sein. Anstelle von Platz bzw. Bedingung (genauer: Bedingungsknoten) ist bei einigen Interpretationen der P-Netze auch der Ausdruck "Kanal" üblich. Das kann z.B. bei Datenverarbeitungssystemen einen Sinn haben. Ein Kanal kann sowohl als räumliches (Leitung) als auch als zeitliches (Speicher) Übertragungsmittel für Informationen dienen, wobei diese erhalten bleibt. Der Ingenieur ist allerdings gewohnt, unter einem Kanal etwas Dynamisches zu verstehen, während die Plätze im P-Netz das ruhende Element darstellen. Daher wird im folgenden nicht mit dem Begriff "Kanal" gearbeitet werden.

Anstelle von "Transition" wird mitunter auch das Wort "Ereignis" verwendet. Dabei wird leider nicht immer streng unterschieden zwischen dem Netzknoten "Transition" und dem "Schalten" der Transition. Wir werden später sehen, dass Netze sowohl der Simulation von Systemen als auch von Abläufen dienen können. Nach dieser Auffassung ist eine Transition stellvertretend für ein Element im System, bei dem Zustandsübergänge stattfinden können. So ist z.B. ein Standesamt eine Dienststelle, in der die Zustandsübergänge der beteiligten Personen von "unverheiratet" auf "verheiratet" stattfinden, und wäre somit im P-Netz durch einen Knoten der Art "Transition" darzustellen.

Es ist auch der Begriff "Bedingungs-Ereignis-Netz" (L 7, S 4) geprägt worden. Bei näherer Betrachtung sind dies aber P-Netze,bei denen folgende Einschränkungen gelten:

Die Plätze sind Bedingungsknoten

Die Netze sind nicht zyklisch

Der erste Punkt entspricht der speziellen Spielregel, Der zweite bedeutet, dass sich diese Netze für die Darstellung von vorwiegend einmaligen Abläufen eignen. Im Rahmen eines durch ein nicht zyklisches Netz dargestellten Ablaufs tritt ein Ereignis höchstens einmal ein. Allerdings können mehrere Durchläufe (Abläufe) durch das Netz betrachtet werden, wodurch das Ereignis wiederholbar wird (repeatable event). Solche Formulierungen tragen nicht gerade zur Klärung bei.

In diesem Buch wird folgende Auffassung vertreten: Jedes Petri-Netz kann als Spielbrett für Markenspiele dienen. Die Frage, ob durch ein P-Netz ein System oder ein Ablauf in einem System simuliert wird, ist Angelegenheit der Interpretation.

Es ist nicht notwendig, dass das Markenspiel praktisch durchgeführt wird. In ihm kann je nach Auffassung sowohl lediglich ein anschauliches Hilfsmittel zum Verständnis der P-Netze, als auch ein wesentliches Bestandteil der Theorie gesehen werden, um die dynamischen Aspekte der P-Netze zu erfassen.

In Bild II-4 sind einige der behandelten Begriffe noch einmal schematisch zusammengestellt.

| | *Knoten* | |
|---|---|---|
| *Statisch* | *Platz*<br>*(Bedingungsknoten)* | *Transition*<br>*(Ereignisknoten)* |
| *Dynamisch* | *Markierung*<br>*Zustände (Bedingungen)* } *beginnen und enden*<br><br>*Bedingungen sind zwei-wertige Zustände. (Erfüllt oder nicht).* | *Änderung der Markierung*<br>*Aktivierung Schalten* } *findet statt*<br><br>*Beginn und Ende von Zuständen bzw. Bedingungen.* |

*Bild II-4*

Es seien noch einige elementare Verknüpfungen besprochen, die im folgenden eine wichtige Rolle spielen.
Bild II-5 und die Zeichnungen 1 bis 4 geben eine Übersicht über die möglichen Netzknoten, an denen drei Pfeile angeschlossen sind. Die linke Spalte von Bild II-5 zeigt solche mit einem einlaufenden und zwei auslaufenden Pfeilen und die rechte Spalte solche mit zwei einlaufenden und einem auslaufenden Pfeil. Die erste Reihe zeigt Knoten eines gerichteten Graphen, die zweite Reihe Knoten vom Typ Platz und die dritte Reihe Knoten vom Typ Transition für P-Netze. Die englischen Bezeichnungen sind besonders kurz und charakteristisch und sind daher in Klammern hinzugesetzt.

Bei einem Graphen haben wir die Gabel (fork) und die Zusammenführung (join), die man auch als Gegengabel bezeichnen kann. Bei den P-Netzen nehmen Gabel und Gegengabel verschiedene Formen an, je nachdem, ob der Knoten vom Typ

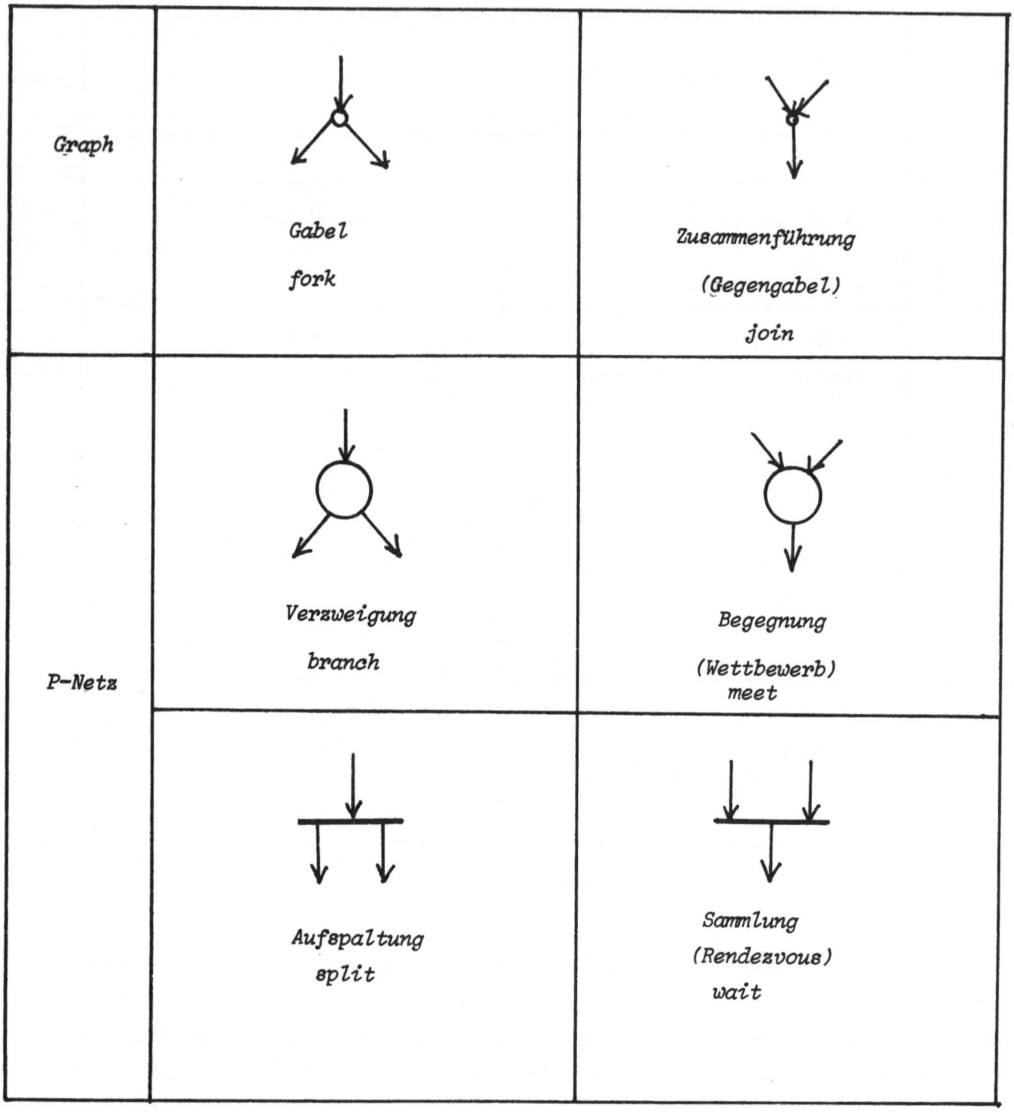

| | | |
|---|---|---|
| *Graph* | *Gabel*<br>*fork* | *Zusammenführung*<br>*(Gegengabel)*<br>*join* |
| *P-Netz* | *Verzweigung*<br>*branch* | *Begegnung*<br>*(Wettbewerb)*<br>*meet* |
| | *Aufspaltung*<br>*split* | *Sammlung*<br>*(Rendezvous)*<br>*wait* |

*Bild II-5*

*Elementare Verknüpfungen an Knoten*

Platz oder vom Typ Transition ist. Bei einem Platz wird die Gabel zu einer Verzweigung (branch), bei der nur ein Zweig bei dem Markenspiel durchlaufen werden kann. Die Gegengabel wird zu einer Begegnung (meet); denn nur über einen der einlaufenden Pfeile kann der Platz mit einer Marke belegt werden. Das eingeführte englische Wort "meet" ist leider zweideutig. Es könnte auch mit "Treffen" übersetzt werden, was mehr dem Knotentyp "Sammlung" entspricht. Im Wort "begegnen" liegt der hier wesentliche Begriff des Wettbewerbs. Verzweigung und Begegnung bieten Alternativen beim Markenspiel.

Bei einer Transition dagegen wird die Gabel zu einer Aufspaltung, d.h. beide auslaufenden Pfeile erhalten beim Schalten eine Marke. Die Wirkung wird also gleichberechtigt verteilt, bzw. entsprechend dem englischen Ausdruck gesplittet. Das Wort Aufspaltung(split) trifft aber nicht immer den tatsächlichen Sachverhalt. Entsprechend Zeichnung 3 werden durch einen Auftrag mehrere nebenläufige Aktionen ausgelöst, was dem split entspricht. Bei einer Übermittlung einer Nachricht an mehrere Empfänger bleibt die Nachricht im Ganzen erhalten, wird also nicht aufgespalten, aber auch dabei werden nebenläufige Aktionen ausgelöst, was aber nur in der Auswirkung dem split entspricht. Der Ausdruck "broadcast" wäre in diesem Falle treffender.

Die Gegengabel wird bei einer Transition zu einer Sammlung (Rendezvous, wait), wobei die Parteien aufeinander warten, um gemeinsam etwas zu unternehmen.

Die in diesem Abschnitt beschriebenen P-Netze werden auch als Transitionsnetze bezeichnet. Sie haben die auf Seite 21 festgelegte Struktur und ihre Dynamik ist durch die Regeln des Markenspiels festgelegt. Man kann den Begriff Petri-Netze weiter fassen. Die beiden Arten von Knoten können allgemeiner als passive und aktive Elemente aufgefasst werden. Dabei bleibt das Bild der Netze erhalten; jedoch das dynamische Verhalten folgt anderen Regeln. Hierher gehören die Netze aus Instanzen und Kanälen (NIK) und aus Aufgaben und Mitteln (NAM). Sie können einer groben Darstellung von Systemen dienen und werden in dieser Arbeit nicht behandelt (L 1). Bild II-5a zeigt eine Zusammenstellung einiger Auslegungen von P-Netzen.

II2) <u>Einmarken-Systeme</u> (Komponenten)

In bezug auf das Markenspiel können wir die Netze mit Markenerhaltung als eine besondere Klasse betrachten. Einen Spezialfall stellen die Einmarkensysteme dar. Sie können abgeschlossene P-Netze bilden oder auch als Komponenten von P-Netzen auftreten. Diese Definition ist allerdings nicht allge-

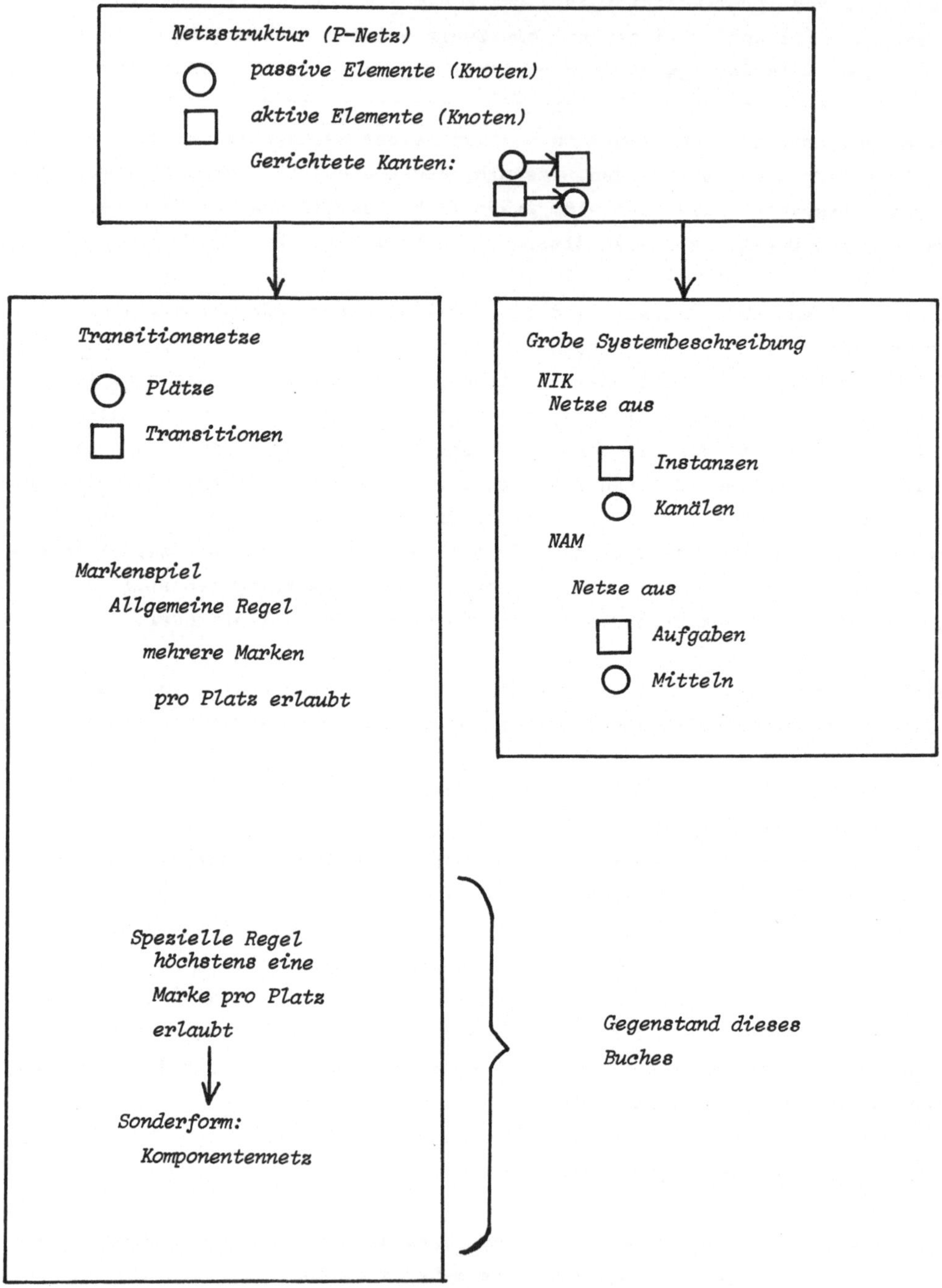

Bild II-5a

Zusammenstellung einiger Auslegungen von P-Netzen

mein üblich. Andere Autoren verstehen unter einer Komponente lediglich ein Teilnetz, wobei die Forderung des Einmarkensystems nicht erfüllt sein muss.

Der hier verwendete Begriff "Komponente" entspricht dem Zustandsgraphen (state machine) der Automatentheorie. Das kommt der Denkweise des Ingenieurs entgegen, dem Zerlegungen in konstruktive Teilsysteme leichter verständlich sind, als rein abstrakte Gliederungen von Netzen. Dabei können derselben technischen Einheit verschiedene Komponenten zugeordnet werden, wie z.B. den Bewegungsachsen (x, y, z ...) eines Handhabungssystems, eines Krans oder dergl. Die Komponenten müssen jedoch nicht immer durch konstruktive Eigenschaften eines Systems gegeben sein, sondern können ebenso wie in der Automatentheorie zur Simulierung abstrakter Abläufe dienen.

Die dabei wesentlichen Gesichtspunkte seien noch einmal zusammengestellt. Die Automatentheorie ordnet jedem möglichen Zustand einen Knoten in einem Graphen zu. Die Knoten sind durch gerichtete Kanten (Pfeile) verbunden, welche den Übergängen entsprechen. Die Pfeile sind durch die Symbole eines Eingabe-Alphabets gekennzeichnet. Es wird dabei getaktetes Arbeiten angenommen, d.h. der Automat durchläuft Schritt für Schritt eine Folge zu Zuständen, wobei in jedem Takt ein neues Eingabesymbol von aussen (z.B. von einem Band) zugeführt wird. Diese Symbole bilden die Buchstaben eines Eingabewortes. Mit dem Übergang des Automaten auf den neuen Zustand wird im gleichen Takt ein neues Eingabesymbol für den nächsten Takt vorbereitet. Es ist dabei der Sonderfall möglich, dass bei einem Eingabesymbol der Zustand nicht wechselt. Das kann entweder durch das Fehlen eines entsprechenden Pfeiles oder durch einen als Schleife ausgebildeten Pfeil gekennzeichnet werden.

Man kann jedem Zustandsgraphen ein P-Netz zuordnen, wenn man die Zustandsknoten des Automaten (Bild II-6) zu Plätzen des P-Netzes und die Pfeile des Automaten zu Transitionen mit je einem einlaufenden und einem auslaufenden Pfeil macht (Bild II-7). Solche Netze werden auch als sequentielle Netze bezeichnet (verzweigte Netze, branch-meet-Netze).

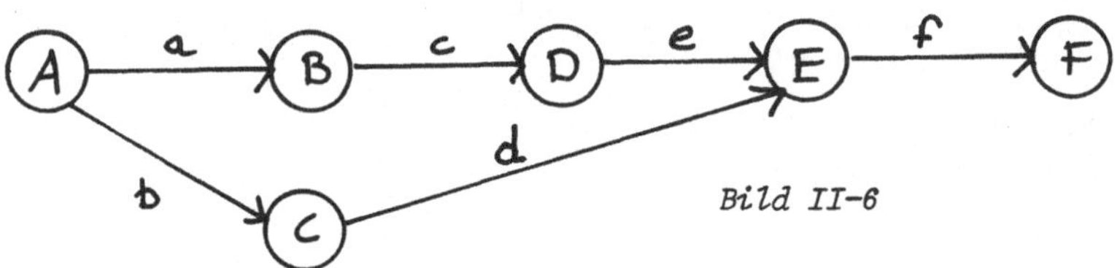


*Bild II-6*

*Beispiel eines Zustandsgraphen.*

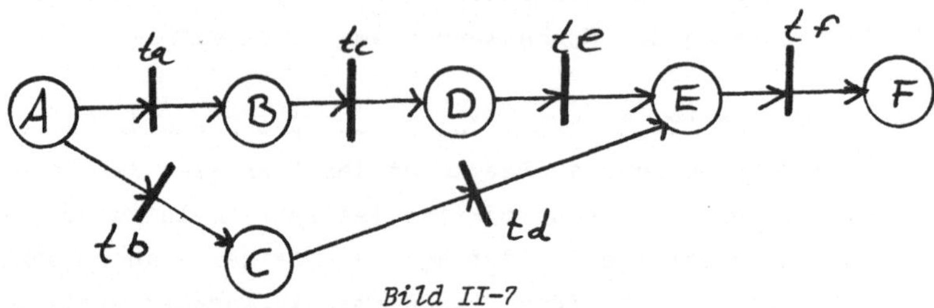


*Bild II-7*

*Das dem Bild II-6 entsprechende P-Netz. Anstelle der Eingabesymbole treten Transitionen*

Es besteht allerdings ein Unterschied zwischen einem Zustandsgraph der Automatentheorie und dem entsprechenden P-Netz. Im Zustandsgraphen kann dasselbe Eingabesymbol mehrmals an verschiedenen Kanten auftreten (Bild II-8). Das ist bei P-Netzen nicht erlaubt bzw. nicht üblich. Entsprechend Bild II-9 müssen die zum gleichen Eingabesymbol gehörenden Transitionen unterschiedlich gekennzeichnet werden (z.B. ta1 und ta2).

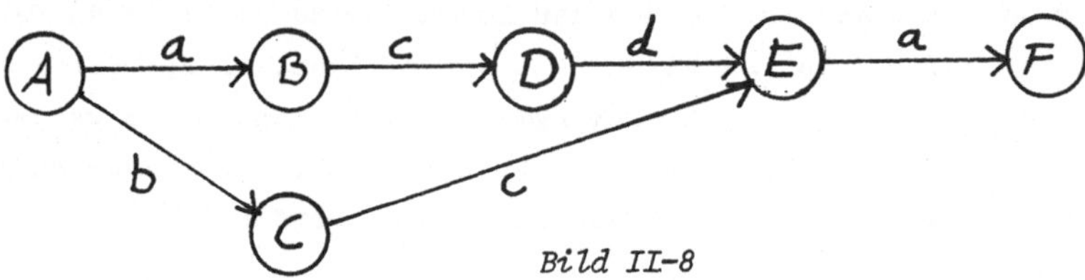


*Bild II-8*

*Zustandsgraphen bei dem einige Eingabesymbole mehrfach auftreten (a,c).*

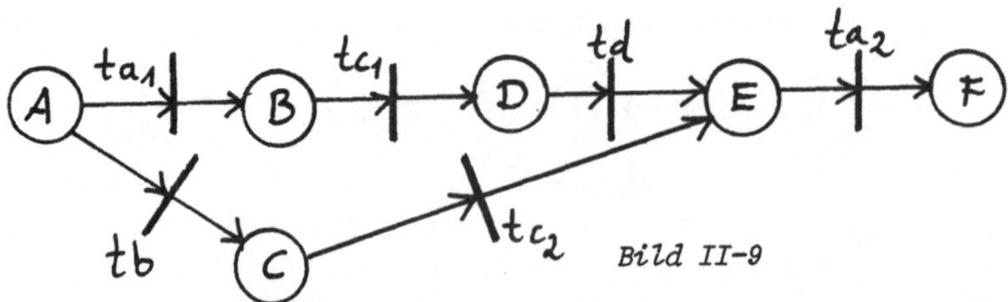


*Bild II-9*

*Bei dem Bild II-8 entsprechenden P-Netz müssen die den mehrfach auftretenden Eingabesymbolen entsprechenden Transitionen unterschiedlich gekennzeichnet werden (z.B. ta1, ta2).*

Eine Sonderform ist der autonome Automat, der unabhängig von der Umgebung arbeitet und somit an den Übergangspfeilen keine Eingabesymbole aufweist. Im allgemeinen wird getaktetes Arbeiten des Automaten angenommen. Das entsprechende P-Netz enthält Transitionen, die bei Aktivierung "so bald wie möglich" (jedoch nicht unendlich schnell, also ohne Zeitverzug in bezug auf die Aktivierung) schalten. Der autonome Automat hat allerdings nur eine mehr ideelle Bedeutung. Bei gegebenem Anfangszustand durchläuft er eine Reihe aufeinander folgender Zustände, also eine Sequenz. Die entsprechenden Graphen haben daher eine verhältnismässig einfache Struktur, (Ketten, Ringe, usw.) können aber sehr umfangreich sein. Trotzdem kann die Idee von Bedeutung sein, z.B. bei zellularen Automaten. Hierbei werden Abläufe in einem Gitter miteinander verbundener einzelner Automaten (Zellen) verfolgt, wobei ein Einfluss von aussen im allgemeinen unberücksichtigt bleibt.

Ein deterministischer Automat liegt dann vor, wenn für jeden Zustand und jedes Eingabesymbol eindeutig ein Folgezustand angegeben ist, wobei dieser auch mit dem gegebenen Zustand identisch sein kann. Bei einem autonomen Automaten fällt die Eingabebedingung fort. Deterministisch bedeutet dann, dass keine Zweideutigkeit für den Folgezustand möglich ist. Dabei sind sowohl Gabeln als auch Zusammenführungen (Gegengabeln) möglich (Bild II-5).

Bei einer Gabel bzw. Verzweigung entsprechend Bild II-10 haben wir es mit einem nicht deterministischen Automaten zu tun, da beide vom Zustand A fortführende Zweige mit a gekennzeichnet sind. Bei dem entsprechenden P-Netz (Bild II-11) sind beide Transitionen verschieden gekennzeichnet. Es liegt jedoch ein Konflikt vor, da bei Markierung von A sowohl ta1 als auch ta2 aktiviert ist (Näheres siehe Kapitel IV).

Dagegen haben wir in Bild II-12 bei der Zusammenführung (Gegengabel) einen deterministischen Automaten, trotzdem beide Übergangspfeile mit demselben Eingabesymbol versehen sind; denn es kann nur einer der beiden Zustände A oder B gegeben sein. Auch das entsprechende P-Netz (Bild II-13) ist bei einem Einmarkensystem konfliktfrei, da dort ebenfalls nur einer der beiden Plätze A oder B markiert sein kann.

Ein anschauliches Beispiel für einen nicht deterministischen Automaten bildet die Darstellung der Regeln eines Brettspiels durch einen Graphen. Jeder Konstellation von Figuren auf dem Spielfeld entspricht ein Zustand des

*Bild II-10*
*Elementarform eines nicht deterministischen Automaten (Gabel). Beide Übergangspfeile sind mit demselben Eingabesymbol versehen.*

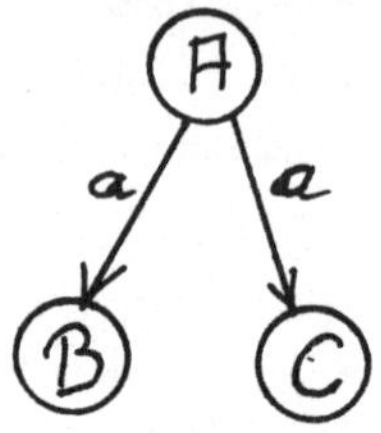

*Bild II-11*
*Das Bild II-10 entsprechende P-Netz hat verschieden gekennzeichnete Transitionen (ta1, ta2). Es ist jedoch bei Markierung von A ein Konflikt möglich, da beide Transitionen aktiviert sind.*

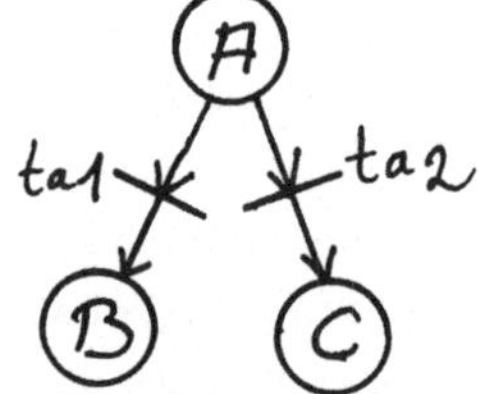


*Bild II-12*
*Die Zusammenführung (Gegengabel), bei der beide Übergangspfeile dieselbe Bezeichnung tragen (a), ist ein deterministischer Automat; denn im Automaten kann nur einer der Zustände A oder B gegeben sein.*

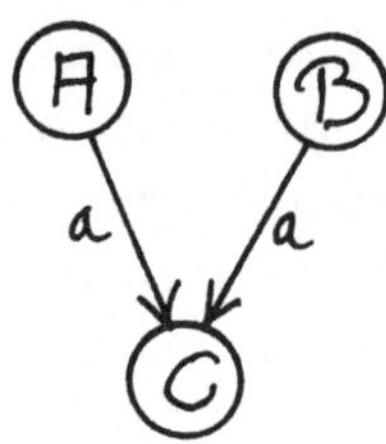


*Bild II-13*
*Das Bild II-12 entsprechende P-Netz ist bei einem Einmarkensystem konfliktfrei, da nur einer der Plätze A oder B markiert sein kann.*

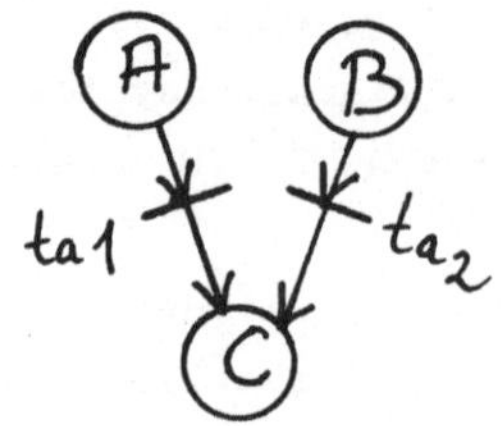

Spieles, also ein Knoten im Graphen. Von jedem Knoten sind nur die aufgrund der Spielregeln erlaubten Übergänge zu anderen Knoten möglich, die durch die Kanten des Graphen dargestellt werden können. Dieser Graph symbolisiert demnach alle denkbaren Spielverläufe. Allerdings kann man leicht zu einem deterministischen Automaten kommen, wenn man an die Kanten die entsprechenden "Züge", welche die Übergänge bewirken, als Eingabesymbol anschreibt.

Auch dieses Bild ist nur von ideellem Wert. Schon bei sehr einfachen Brettspielen werden die zugehörigen Graphen so umfangreich, dass ihre bildliche Darstellung unmöglich wäre.

Verzweigte Netze können den normalen Programmabläufen bei algorithmischen Sprachen zugeordnet werden. Dabei sind iterative Abläufe eingeschlossen. Die Plätze des Netzes kennzeichnen dabei den "Stand der Rechnung". Die Spieler der Transitionen sind die "Rechner", welche eine bestimmte Teilaufgabe durchführen und anschliessend das Programm "weiterschalten". Die Verzweigungen entsprechen Alternativen, die durch Ergebnisse der Rechnung, also durch Bedingungen, die nicht im Netz enthalten sind, entschieden werden. Bild II-14 zeigt ein Beispiel. Bei A haben wir eine Verzweigung (branch), wobei entweder die Plätze B, D oder die Plätze C, E durchlaufen werden können. Bei F liegt eine Begegnung (meet) vor. Bei G liegt wieder eine Verzweigung vor, die zu einem Zyklus über H führen kann, oder zur Beendigung der Rechnung über I. Für die Transitionen t1 und t2 bzw. t8 und t9 müssen alternative Entscheidungen entsprechend den Ergebnissen der Rechnung getroffen werden. Da es sich um ein Einmarken-System handelt, sind die Verzweigungen nicht nebenläufig (d.h. nur ein Zweig kann gleichzeitig durchlaufen werden). Das Netz entspricht der Annahme, dass ein Rechner stets an einem Punkt des Programms angelangt ist, der durch die Markierung eines Platzes gekennzeichnet ist. Wir können im Bild des Markenspiels also auch von der Vorstellung ausgehen, dass bei solchen Netzen ein einziger Spieler für alle Transitionen zuständig ist.

Einen besonderen Fall stellen die zyklusfreien Netze dar (Bild II-15). Unter der Voraussetzung eines Einmarken-Systems wird ein solches Netz stets in einer sequentiellen Folge von Plätzen durchlaufen. In Bild II-15 sind zwei typische Durchläufe zeichnerisch hervorgehoben.

Die Komponenten eines Netzes können bei der Simulierung eines tatsächlich ausgeführten Automaten auch konstruktiv einzelnen Komponenten dieses Gerätes

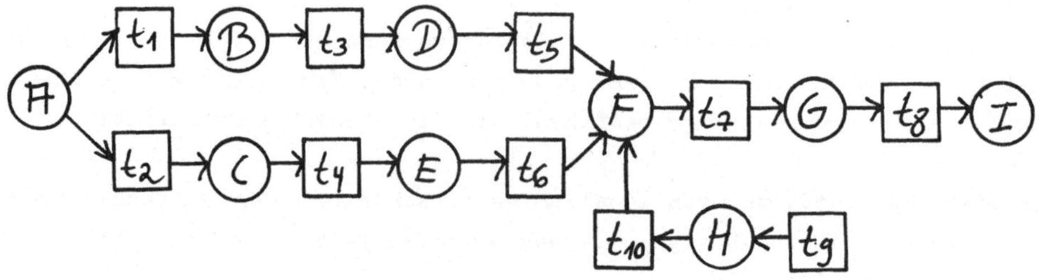


*Bild II-14*

*Verzweigtes Netz (branch-maet) mit einem Zyklus.*

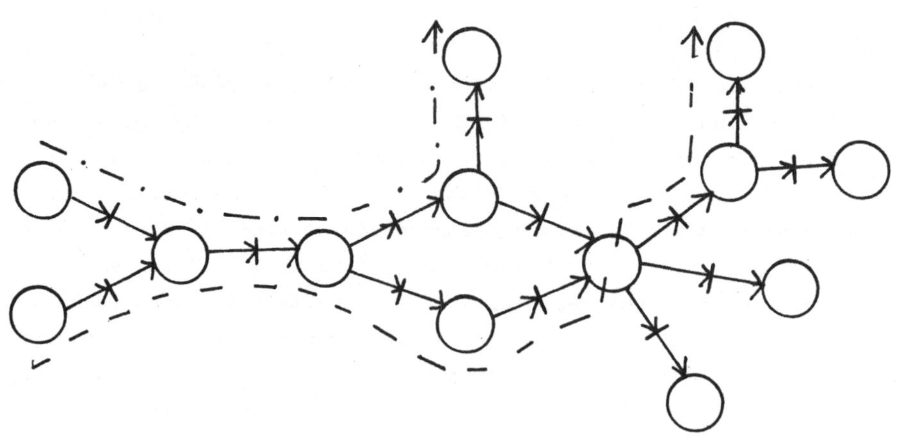

*Bild II-15*

*Ein Zyklus-freies verzweigtes Netz mit zwei Durchläufen --- und -.-.-*

entsprechen. Dann ist die Regel, dass von den n möglichen Zuständen dieser Komponente jeweils genau einer aktuell ist, oft konstruktiv begründet. Die Ziffernrädchen mit 10 Positionen, wie sie in früheren mechanischen Rechenmaschinen benutzt wurden, können und müssen ihrem Aufbau entsprechend stets eine der 10 Positionen einnehmen. (Von Übergängen wird hier abgesehen.) Simuliert man ein solches Ziffernrädchen durch einen Ring von 10 Flip-Flops, wie es in der bekannten elektronischen Rechenmaschine ENIAC der Fall war, so wird bei richtigem Arbeiten des Gerätes diese Bedingung ebenfalls erfüllt sein. Als Automatenkomponente werden beide konstruktiven Varianten durch denselben Graphen dargestellt. Bei falschem Arbeiten des mit Flip-Flops arbeitenden Gerätes könnten aber mehrere Glieder dieser Kette gleichzeitig auf Eins geschaltet sein. Dies gilt auch für eine Darstellung der 10 Dezimalziffern durch 4 binäre Elemente, z.B. Relais oder Flip-Flops. Hier entsprechen den definierten 10 Zuständen 10 verschiedene Kombinationen der Positionen der binären Elemente. Mit 4 solchen Elementen können jedoch insgesamt 16 mögliche "Ziffern" dargestellt werden. Die Konstruktion bietet also mehr Möglichkeiten, als im Netz vorgesehen ist. Viele tatsächlich ausgeführte Konstruktionen dieser Art haben für solche nicht vorgesehenen Fälle eine Fehlermeldung eingebaut. Auch das könnte durch ein P-Netz dargestellt werden, was aber eine Erweiterung des Netzes durch diese nicht definierten Fälle erforderlich macht.

Im Prinzip kann ein als Einmarken-System entworfenes Netz entsprechend den Bildern II-14 und II-15 auch mit mehreren Marken gespielt werden. Dann können sich jedoch Konfliktsituationen ergeben, deren Besprechung über den Rahmen dieses Abschnittes hinausgeht.

## II3) Mehrkomponenten-Systeme

### II3.1) Allgemeines

Wie bereits erwähnt, führt die Darstellung eines Automaten, der nur aus einer Komponente besteht,(siehe vorhergehenden Abschnitt II2) meistens zu sehr umfangreichen Graphen. Es liegt daher nahe, eine Zerlegung in mehrere Komponenten durchzuführen. Besteht der zu behandelnde Automat aus mehreren unabhängigen Teilen, so ist dieser Fall trivial. Jeder Komponente wird ein eigener Graph zugeordnet. Tatsächlich handelt es sich dabei um getrennte Automaten. Von Interesse sind nur die Fälle, in denen eine Kopplung zwischen den einzelnen Komponenten vorliegt.

Wir betrachten zunächst die Kopplung zweier Automaten über ein Eingabe-Alphabet. In Bild II-16 ist über das Eingabesymbol a der Übergang von A1 nach A2 mit dem Übergang B1 nach B2 nur unter der Voraussetzung gekoppelt, dass sowohl A1 als auch B1 aktuell sind, d.h. dass die Automaten sich in diesen Zuständen befinden. Ist dies nicht der Fall, so kann der durch a gesteuerte Übergang auch in einem System allein stattfinden.

*Bild II-16*
*Zwei getrennte Automaten mit einem gemeinsamen Eingabe-Element a.*

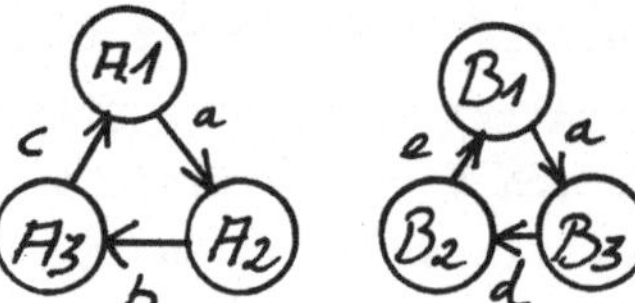


Vom Zustandsgraphen des Automaten wollen wir jetzt zum P-Netz übergehen. Dabei ordnen wir jeder Komponente eine Untermenge der Plätze des Netzes zu, die den Zuständen der Komponente entsprechen. Wir können nun verschiedene Arten von Kopplungen zwischen Komponenten unterscheiden.

II3.2) <u>Kopplung über gemeinsame Transitionen</u>

In Bild II-17 haben die beiden Komponenten A und B eine gemeinsame Transition t1, und zwar für die Übergänge von A1 auf A2 und von B1 auf B2. Für das Markenspiel benötigen wir 2 Marken. Die beiden Netz-Komponenten können verschiedenen konstruktiven Komponenten in einem Gerät entsprechen. Um das zu veranschaulichen, könnte man beide Komponenten A und B durch gestrichelte Linien gegeneinander abgrenzen (Bild II-18), wobei die Grenze durch die gemeinsame Transition verläuft. Auch eine Darstellung der Komponenten mit verschiedenen Farben wäre sehr anschaulich, wobei man auch farbige Marken verwenden könnte. Das macht jedoch bei grafischen Vervielfältigungen Schwierigkeiten.

Eine einfache Unterscheidungsmöglichkeit besteht darin, den Komponenten verschiedene grosse Buchstaben zuzuordnen, und die einzelnen Plätze durch Indizes zu kennzeichnen. In diesem Zusammenhang erhält auch der Begriff "Markenpfad" eine besondere Bedeutung. Man kann jeder Komponente ihre eigene Marke und ihren eigenen Satz von Markenpfaden zuordnen.

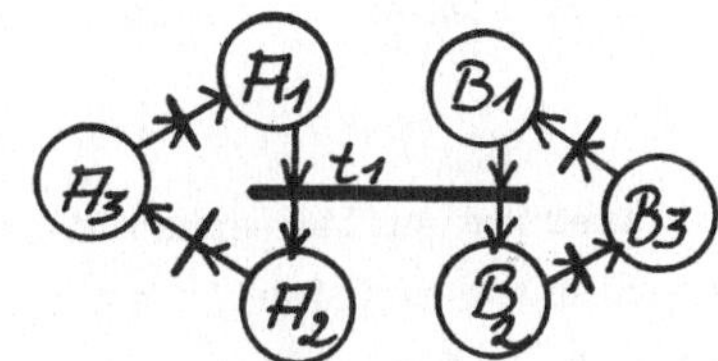


*Bild II-17*
*P-Netz mit zwei Komponenten A und B, welche über die Transition $t_1$ gekoppelt sind.*

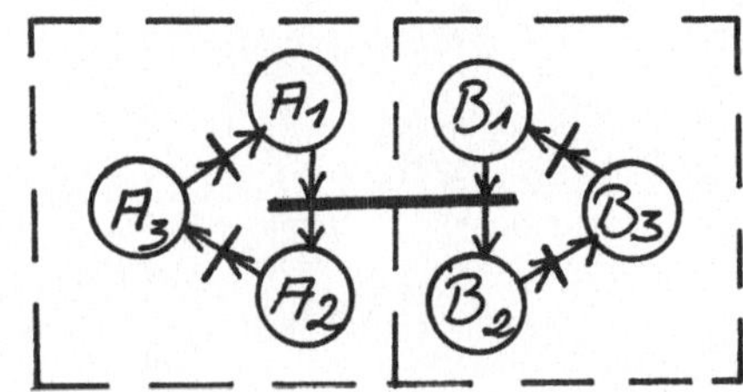


*Bild II-18*
*Netz entsprechend Bild II-17 mit hervorgehobener Trennung der Komponenten.*

Bei konsequentem Aufbau einer Theorie der Mehrkomponenten-Systeme könnte man die Zuständigkeit für das Schalten, also die Spieler einer Transition, ebenfalls einer der beteiligten Komponenten zuordnen. Jedoch sind bei den Regeln der P-Netze hierfür keine Darstellungsmittel vorgesehen. Im allgemeinen wird auf die Interpretation verwiesen.

Die Hervorhebung der verschiedenen Komponenten durch zeichnerische Mittel (Begrenzung, Farbe usw.) hat allerdings mit der Struktur der P-Netze an sich nichts zu tun. Man kann zwar jeder Komponente eine eigene Marke zuordnen; jedoch ändert sich das Verhalten des Netzes nicht, wenn diese Marken in den gemeinsamen Transitionen vertauscht werden. Die Marken verlieren dabei ihre Individualität. Für solche Systeme gilt auch die Markenerhaltung, wobei die Anzahl der Marken der Anzahl der Komponenten entspricht. Durch die Komponenteneinteilung eines Netzes werden die sinnvollen Markierungen beschränkt; denn nicht jede beliebige Verteilung von Marken auf die Plätze des Netzes ist erlaubt.

Das P-Netz zusammen mit seiner Komponentenaufteilung bildet eine Basis für die möglichen Markenspiele. Es genügt allerdings, die Anfangsmarkierung einer solchen Beschränkung zu unterwerfen. Aufgrund der Netzstruktur und der Spielregel können dann als Folge immer nur erlaubte Markierungen auftreten.

Bei kompliziertem Aufbau eines Mehrmarken-Systems kann die Zerlegung in Komponenten sogar mehrdeutig sein. Das Netz von Bild II-19 lässt sich auf mehrfache Art in Komponenten A und B zerlegen (Bild II-20).

*Bild II-19*
*Zwei-Komponenten-Netz*

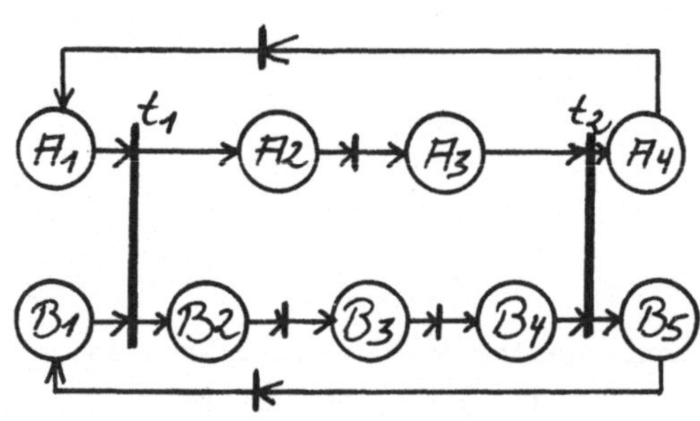


*Bild II-20*
*Netz entsprechend Bild II-19 mit anderer Komponenten-Aufteilung.*

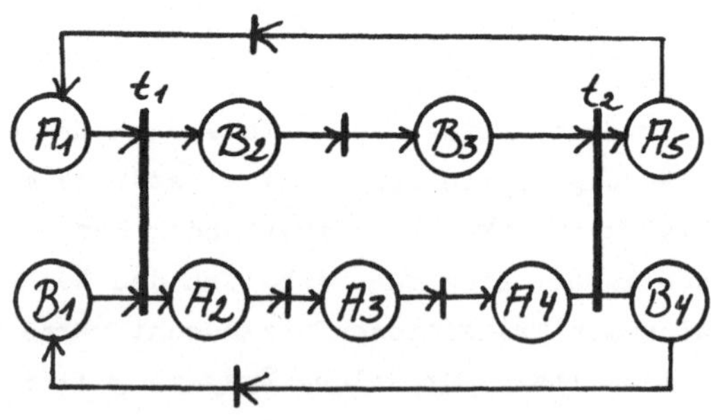

Es ergibt sich, dass dasselbe P-Netz verschiedenen konstruktiven Modellen zugeordnet werden kann. Es geht also einerseits Information gegenüber dem zugrundegelegten Modell verloren. Andererseits hat die Abstraktion den Vorteil, mehrere konstruktiv verschiedene Systeme in bezug auf ihr Verhalten vergleichen zu können. Es können auch zunächst nur die logischen Beziehungen eines Netzes festgelegt und daraufhin die passende Zerlegung in konstruktive Komponenten gesucht werden. Die Mehrfarben-Darstellung würde zusätzliche Information über die dem Modell zugrundeliegende Komponentenzerlegung bringen. Durch Fortlassen der Farben im P-Netz eliminiert man diese Information in ähnlicher Weise wie ein Schwarz-Weiss-Foto einen Informationsverlust gegenüber einem entsprechenden Farbfoto aufweist.

In der Theorie der P-Netze spricht man von der Eigenschaft "in Komponenten zerlegbar", womit ausgedrückt ist, dass diese Zerlegung mehrdeutig sein kann. Für den Ingenieur ist das allerdings weniger wichtig, da er meistens von den konstruktiven Gegebenheiten eines Systems ausgeht.

Bei den Bildern II-17, II-18, II-19 sind die Komponenten A und B so gezeichnet, dass die Markenpfade getrennt und den Komponenten zugeordnet sind. Das ist jedoch nur ein zeichnerisches Hilfsmittel, um das Verständnis des Netzes zu erleichtern, aber keine Forderung an P-Netze. In Bild II-20 laufen die den Komponenten zugeordneten Markenpfade überkreuz, wobei sie keinen geschlossenen Linienzug bilden.

Ein Grenzfall der Komponentenzerlegung liegt vor, wenn bei einem Gerät jedem einzelnen elementaren Bauelement bzw. den konstruktiv gegebenen Freiheitsgraden eine eigene Komponente entspricht. Computer arbeiten im allgemeinen mit binären Bauelementen. Die einzelnen Automatenkomponenten haben dann nur zwei Zustände, und das P-Netz besteht fast ausschliesslich aus Kopplungen zwischen diesen Komponenten.

Mit Hilfe der Komponentenzerlegung ist es bei einem Automaten auch möglich, die Eingabeelemente in das P-Netz mit einzubeziehen. Bild II-21 zeigt ein Zählwerk (Komponente Z), welches die Zustände Zo, Z1, Z2, Z3 durchlaufen und von aussen durch zwei Tasten (+1) und (-1) zum Vorwärts- bzw. Rückwärtszählen veranlasst werden kann. Die beiden Tasten stellen die Eingaben für den Automaten dar, wobei ihnen je eine eigene binäre Netzkomponente zugeordnet wird (A, B). Es handelt sich also um ein Dreimarken-System. Dabei muss allerdings die Einschränkung gemacht werden, dass niemals beide Tasten (+1)

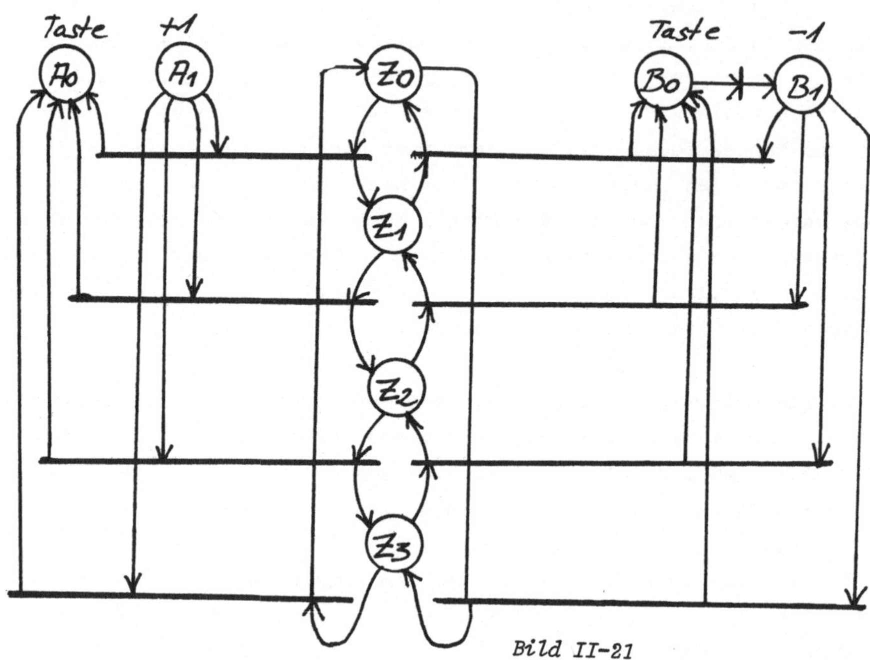


*Bild II-21*

*Zählwerk mit drei Komponenten, wobei den Tasten +1 und -1 binäre Komponenten A und B zugeordnet sind.*

und (-1) gleichzeitig gedrückt werden, da sonst ein Konflikt entsteht (der Zähler "weiss nicht", ob er vorwärts oder rückwärts zählen soll). Hiergegen gibt es Sicherungen, deren Darstellung aber ein komplizierteres Netz erfordert.

In ähnlicher Weise kann man bei einem autonomen Automaten den Taktgeber als Automatenkomponente auffassen und das entsprechende P-Netz bilden (Bild II-22). Die Transition t1 setzt den Taktgeber nach einer durch die Interpretation gegebenen Verzögerungszeit von Phase I auf Phase II. Daraufhin schaltet eine der Transitionen t2 bis t5, welche gleichzeitig den Taktgeber wieder auf Phase I zurücksetzt.

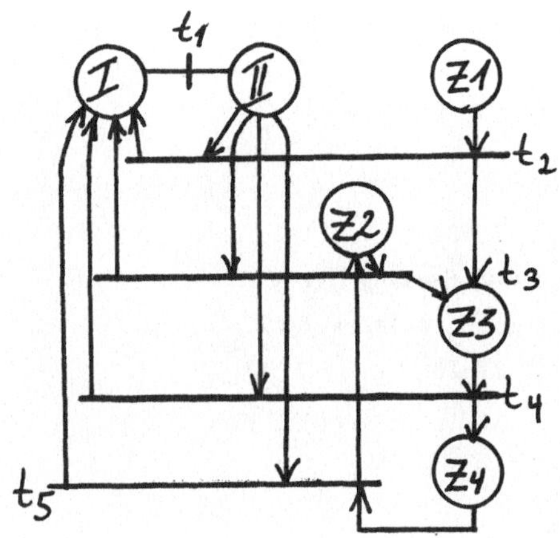


*Bild II-22*
*Automat, bei dem der Taktgeber I, II als besondere Komponente dargestellt ist.*

II3.3) <u>Kopplung über gemeinsame Plätze</u>

Die verschiedenen Komponenten eines Netzes können auch über Plätze gekoppelt werden. In Bild II-17 ist das Ende der Bedingung A1 identisch mit dem Ende der Bedingung B1 und der Anfang von A2 identisch mit dem Anfang von B2. Zwei Zustände sind jedoch erst dann als identisch zu bezeichnen, wenn sie sowohl in ihrem Anfang als auch in ihrem Ende übereinstimmen (Bild II-23).

*Bild II-23*
*Zwei-Komponenten-Netz, bei dem die Plätze $A_2$ und $B_2$ stets zugleich geschaltet werden.*

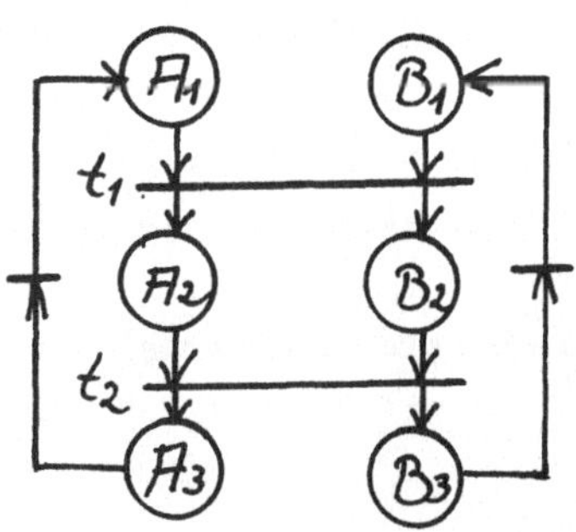

Die beiden Plätze A2 und B2 können immer nur gemeinsam belegt und verlassen werden. Sie sind also gekoppelt, und man kann sie im Netz zu einem Platz zusammenfassen (Bild II-24). In der Theorie der P-Netze werden sie auch als "faktisch äquivalent" bezeichnet.

*Bild II-24*
*Zusammenfassung der Plätze $A_2$ und $B_2$ entsprechend Bild II-23*

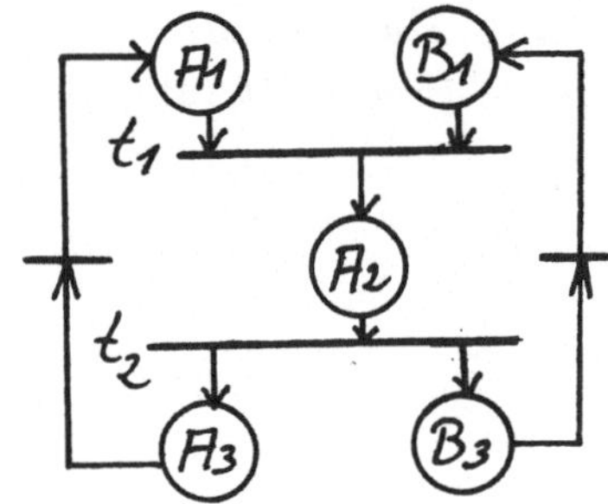


Durch die Vereinigung der Plätze A2 und B2 wird das Markenspiel allerdings etwas gestört. In Bild II-23 haben wir es mit einem Zweimarken-System zu tun, in Bild II-24 jedoch nur in bedingter Weise. Beim Schalten der Transition t1 verschwindet eine Marke und bei t2 muss eine zusätzliche Marke in das Spiel eingebracht werden. Wir haben also keine "Markenerhaltung".

Man könnte, um das Markenspiel zu erleichtern, verschiedene Kompromisse in der Darstellungsform der P-Netze zulassen. So könnte man verlangen, dass in Bild II-24 der Platz A2 stets mit zwei Marken belegt wird und dies z.B. durch einen Doppelkreis gekennzeichnet. Das kann jedoch zu Verwechslungen Anlass geben; denn in der allgemeinen Netztheorie sind Mehrfachbelegungen von Plätzen mit beliebig vielen Marken erlaubt, während hier die mehreren Komponenten zugeordneten Plätze entweder gar nicht oder mit einer konstanten Markenzahl belegt sein müssen. (Im Beispiel von Bild II-24 müsste Platz A2 stets entweder mit zwei Marken oder gar nicht belegt sein. Zur Beschreibung des Zustandes des Platzes genügt also ein bit Information.)

Bild II-25 zeigt eine etwas kompliziertere Form mit den Komponenten (A1 bis A4) und (B1 bis B4) und den gemeinsamen Plätzen G1, G2.

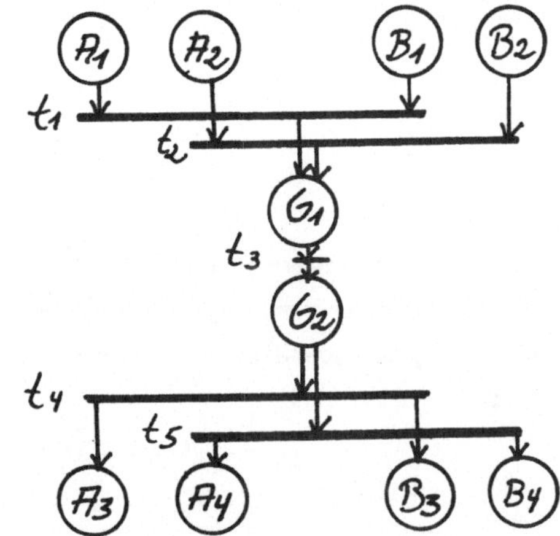


*Bild II-25*
*Zwei-Komponenten-Netz mit zwei gemeinsamen Plätzen G1 und G2, welche auf mehrfache Weise gemeinsam durch beide Komponenten geschaltet werden können.*

Auf G1 kann sowohl über die Transition t1 als auch über t2 übergegangen werden. Entsprechendes gilt für den Übergang von Platz G2 auf die getrennten Plätze der beiden Komponenten.

II3.4) <u>Kopplung über Kommunikationsplätze</u>

Die bisher besprochenen Kopplungen zwischen verschiedenen Komponenten eines Netzes sind symmetrisch in bezug auf die Rolle, die die Komponenten bei der Kopplung spielen. Eine gemeinsame Transition muss von beiden Komponenten aktiviert sein und bewirkt Veränderungen der Markierung in beiden Komponenten. Ein gemeinsamer Platz lässt sich sowohl der einen als auch der anderen Komponente zuordnen, wobei keine Bevorzugung vorliegt.

Wir haben es mit einer einseitigen Kopplung zu tun, wenn von einer Komponente Signale an eine andere gegeben werden. Ein solcher Fall liegt in Bild II-26 vor. Beim Schalten der Transition ta1 wird der Platz A' belegt. Dieser stellt ein Signal für die Komponente B dar, in welcher über die Transition tb1 von A' abhängige Schaltungen durchgeführt werden können.

Dieses System arbeitet nicht mit Markenerhaltung, da die Marke auf A' hinzugefügt bzw. fortgenommen werden muss. Dabei wird vorausgesetzt, dass die Komponenten A und B je ihre eigene Marke mit Markenpfaden haben. Die Belegung von A' bedeutet dann das Einbringen einer neuen Marke ins Spiel.

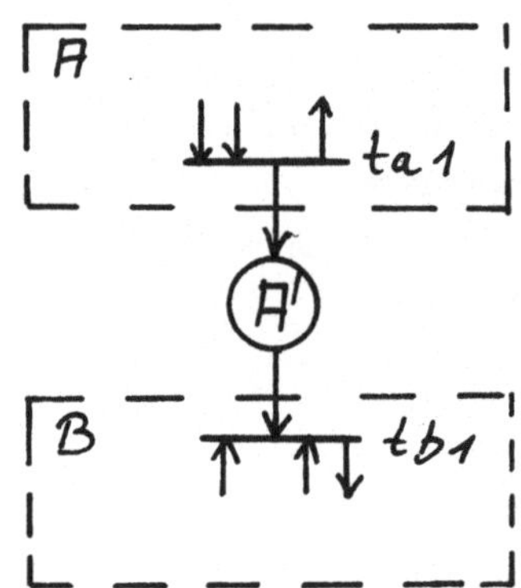


*Bild II-26*
*Kopplung zweier Komponenten A und B über einen Kommunikationsplatz A', dargestellt als Rumpfkomponente.*

Geht man von der Vorstellung der Komponentenaufteilung eines Netzes aus, so kann man A' als eine binäre Rumpfkomponente mit den Zuständen 0 und 1 auffassen, bei der nur der Zustand 1 als Platz dargestellt ist. Bild II-27 zeigt den vollen Ausbau der Komponente A' mit den Plätzen A'0 und A'1. Wir haben jetzt ein Dreikomponenten- bzw. Dreimarken-System mit Markenerhaltung.

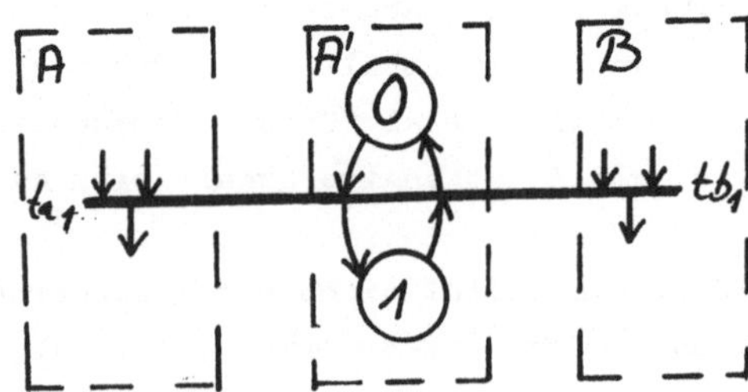


*Bild II-27*
*Netz entsprechend Bild II-26, die Kommunikation erfolgt jedoch über eine binäre Komponente A'.*

Diese Art der Kommunikation setzt voraus, dass von A aus nur dann ein Signal an B gegeben werden kann, wenn dies dazu bereit ist. B reagiert auf das Signal und stellt es zurück. Es quittiert gewissermassen die Ausführung des Auftrags. Das entspricht z.B. den Verhältnissen beim Eisenbahnsicherungswesen, wo ein Signal nur einem Zug gilt, der das Signal durch Einfahren in den nächsten Block zurückstellt.

II3.5) Zustands- und Ereignis-Information

Ullrich (L 11) (S1-1 bis 1-3) arbeitet bei der Kopplung von Komponenten mit den Begriffen "Zustands- und Ereignis-Information", die von einer Komponente an die andere gegeben werden. Dabei muss die in Abschnitt II3.4) besprochene Rückwirkung der Komponente B auf die Komponente A nicht notwendigerweise bestehen.

Beim Strassenverkehr gilt das Signal "Fahrt frei" im allgemeinen unabhängig von der Verkehrssituation für mehrere Fahrzeuge und wird durch diese nicht zurückgestellt. Beim Aufbau eines Netzes ist der Teil, der die Signale stellt, unabhängig von dem Teil, der die Verkehrssituation simuliert. Wir haben es mit einer Kopplung ohne Rückwirkung zu tun. Derartige Abhängigkeiten werden in der Netztheorie als Nebenbedingungen bezeichnet und sollen im Abschnitt III2) besprochen werden.

Auch die Kopplung über eine Transition kann einseitig sein, wie wir später in Abschnitt III4) sehen werden (Ereignis-Information).

II4) Struktur von Komponenten

Wir sind davon ausgegangen, dass eine Komponente als ein Automat aufgefasst werden kann, der in den Rahmen eines P-Netzes eingebettet ist. Dabei entsprechen die zur Komponente zählenden Plätze den Zuständen des Automaten. Im Sinne der Automatentheorie und der P-Netze kann jeweils nur ein Platz einer Komponente markiert sein. Das gilt auch für sich überlagernde Plätze mehrerer Komponenten. Eine solche Komponente, bei der die Zahl der Plätze gleich der Zahl der möglichen Zustände ist, sei als Vollkomponente bezeichnet. Ein Beispiel ist die binäre Vollkomponente mit zwei Plätzen (z.B. A' in Bild II-27).

Man kann einem dieser Plätze den Ruhezustand zuordnen und vom "Löschen" der Komponente sprechen, wenn die Komponente unabhängig von der gerade vorliegenden Markierung auf den Ruhezustand gebracht wird. Bei der binären Vollkomponente ist dies besonders anschaulich.

Nicht immer ist es erforderlich, eine Komponente voll darzustellen. So kann eine binäre Komponente nur durch einen Platz mit den Zuständen "nicht markiert" und "markiert" repräsentiert werden. Dabei entspricht der nicht markierte Zustand im allgemeinen dem Ruhezustand. Eine solche Komponente sei auch als Rumpfkomponente bezeichnet, da der Ruhezustand nicht durch einen Platz im Netz vertreten ist (z.B. in Bild II-26). Die Darstellung als Rumpfkomponente ist grundsätzlich auch bei Komponenten mit mehr als zwei Zuständen möglich. Im allgemeinen wird man dem Ruhezustand keinen Platz zuordnen. Die Komponente befindet sich im Ruhezustand, wenn keiner ihrer Plätze markiert ist.

Eine besondere Rolle spielt die ternäre Rumpfkomponente, die als Scheffer-Komponente bezeichnet sei. Bei ihr werden, wie bei der binären Vollkomponente, die beiden aussagenlogischen Werte durch je einen Platz dargestellt, während der Fall der "Nichtbelegung" dadurch gekennzeichnet ist, dass keiner der Plätze markiert ist. Dies entspricht dem in der mathematischen Logik bekannten Schefferstrich A | B.

Da die Ja-Nein-Werte (also die aussagenlogischen bzw. Boolschen Werte) in der Computertechnik eine bedeutende Rolle spielen, seien die drei grundsätzlichen Darstellungsmöglichkeiten in P-Netzen hier noch einmal zusammengestellt:

- die binäre Vollkomponente mit zwei Plätzen für die beiden Werte 0 und 1, von denen stets genau einer markiert sein muss,
- die binäre Rumpfkomponente mit einem Platz und den Zuständen "nicht markiert" und "markiert",
- die Scheffer-Komponente mit zwei Plätzen für die beiden Werte 0 und 1, von denen höchstens einer markiert sein darf.

Mitunter verwendet man zur Darstellung eines binären Wertes auch 3 Plätze, worunter 2 Plätze eine binäre Vollkomponente nach obiger Definition bilden und der dritte Platz der Aussage "gültig" entspricht. Eine solche Komponente sei jedoch nicht als binäre Komponente bezeichnet. Man kann das Prinzip auf ganze Register erweitern, die z.B. mit n Binär-Komponenten eine n-stellige Binärzahl speichern, wobei allen Komponenten des Registers eine gemeinsame Gültigkeitsbedingung als binäre Rumpfkomponente oder binäre Vollkomponente zugeordnet ist. Schliesslich kann man auch ein oder mehrere Vollkomponenten oder Rumpfkomponenten mit einem (gemeinsamen) Gültigkeitsplatz verbinden.

Es sei noch auf folgendes hingewiesen: Bei oberflächlicher Betrachtung kann bei Mehrmarkensystemen dem Automaten von Bild II-10 (Gabel) ein P-Netz entsprechend Bild II-28 gegenübergestellt werden, welches nur eine Transition ta enthält. Dieses Netz ist jedoch eine Aufspaltung (split) entsprechend Bild II-5. Ebenso ist das Netz von Bild II-29 äusserlich dem Automaten von Bild II-12 ähnlich. Es entspricht jedoch der Verknüpfung "Sammlung" (wait) entsprechend Bild II-5.

*Bild II-28*
*Dieses Netz ähnelt nur äußerlich dem Zustandsgraphen von Bild II-10. Es handelt sich um eine Aufspaltung (split).*

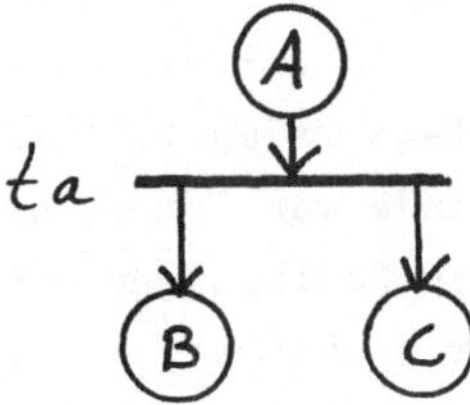


*Bild II-29*
*Auch dieses Netz ähnelt nur äußerlich dem Zustandsgraphen von Bild II-12. Es handelt sich um eine Verknüpfung der Art Sammlung (wait).*

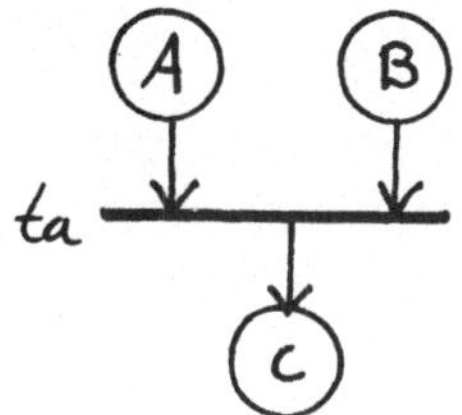


## II5) Extremfälle von Netzen mit Komponenten

Aufgrund der in diesem Kapitel gegebenen Definition für Komponenten kann man zwei Extremfälle von P-Netzen definieren.

- Das Vollkomponentennetz

  Es enthält nur Vollkomponenten (S. 47), wobei die Anzahl der Plätze je Komponente verschieden sein kann. Dabei können mehrere Komponenten gemeinsame Plätze haben. Da die Aufteilung eines Netzes in Komponenten mehrdeutig sein kann, ist mitunter zu ihrer Kennzeichnung eine in bezug auf das Netz zusätzliche Information erforderlich.

**Das Binäre Rumpfkomponentennetz**

Bei einem solchen Netz stellt jeder Platz eine binäre Rumpfkomponente dar. Das kann bei Modellen für Teile von Computern von Bedeutung sein, die nur aus binären Bauelementen aufgebaut sind, denen je ein Platz im P-Netz zugeordnet werden kann.

Grundsätzlich lässt sich jedes Netz durch Hinzufügen von Plätzen zu einem Vollkomponentennetz erweitern. Bei einem binären Rumpfkomponentennetz benötigt man dann die doppelte Anzahl von Plätzen. Die Bilder II-30 und II-31 zeigen ein elementares Beispiel. In der Praxis hat es sich bewährt, nur diejenigen Zustände von Komponenten durch Plätze im Netz zu repräsentieren, die als Träger von Bedingungen eine Rolle spielen.(Relevante Zustände) Man kommt dann zu einer Mischform, in der verschiedene Arten von Komponenten auftreten können, oder bei der auf eine bewusste Aufteilung in Komponenten überhaupt verzichtet wird. In der Theorie der P-Netze werden daher auch Begriffe wie "Konflikt", "lebendig", usw. ohne Rücksicht auf eine Komponenteneinteilung behandelt.

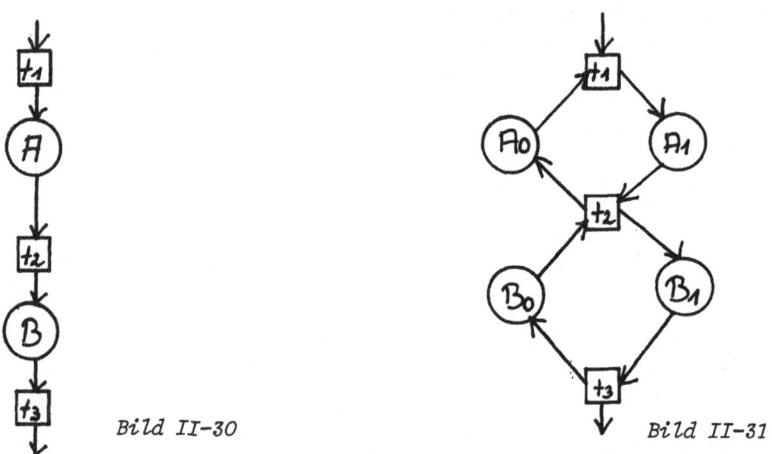


*Bild II-30* *Bild II-31*

*Erweiterung von Rumpfkomponenten zur Vollkomponenten.*

## Zusammenfassung von Kapitel II

Die Petri-Netze sind spezielle Graphen mit zwei Typen von Knoten, den Plätzen und den Transitionen. In Anlehnung an die Automatentheorie werden Ein- und Mehrkomponenten-Systeme besprochen, die für den Ingenieur von besonderem Interesse sind.

Das "Markenspiel" erlaubt es, mit einem P-Netz als Spielfeld dynamische Vorgänge und Prozesse zu simulieren. Dabei kann jeder Komponente eine Marke zugeordnet werden. Das Zusammenspiel zwischen Komponenten und die verschiedenen Arten von Komponenten werden besprochen. Wichtig sind die drei Arten von "binären" Komponenten, die binäre Vollkomponente mit zwei Plätzen, die binäre Rumpfkomponente mit einem Platz und die Scheffer-Komponente mit zwei Plätzen, von denen höchstens einer markiert sein darf.

Man kann Vollkomponentennetze, Binäre Rumpfkomponentennetze und Mischformen mit und ohne Komponenten-Aufteilung unterscheiden.

# III Einführung besonderer Symbole für die Darstellung von Netzen

## III1) Allgemeines

In den bisherigen Kapiteln wurde mit der bereits weitgehend eingeführten Symbolik für P-Netze gearbeitet. Im folgenden sollen einige weitere Symbole und Formulierungen eingeführt werden, die z.T. schon bekannt, im wesentlichen aber neu sind. In mancher Hinsicht sind die im folgenden beschriebenen Ergänzungen redundant, d.h. man kann mit Hilfe der normalen Symbolik der P-Netze auch ohne sie dieselben Zusammenhänge formulieren. Manche Zusammenhänge lassen sich mit ihrer Hilfe allerdings klarer und mit weniger Aufwand darstellen. Sie können jedoch auch zusätzliche Informationen bzw. Hinweise z.B. bezüglich der Art der Lösung von Konflikten geben.

## III2) Nebenbedingungen

Die Pfeile eines P-Netzes haben eine doppelte Aufgabe:

- die Bereitstellung der Bedingungen für die Aktivierung einer Transition
- die Änderung der Markierung beim Markenspiel, was wir auch mit Schalten bezeichnen.

Es lassen sich nun spezielle Pfeile einführen, die nur einer der beiden Aufgaben dienen. Wir betrachten zunächst den ersten Punkt.

In Bild III-1 stellt der Platz A1 eine Nebenbedingung für die Transition t dar. Der von A1 nach t führende Pfeil wird daher gestrichelt dargestellt. In bezug auf die Aktivierung von t ist A1 voll wirksam, d.h. t darf nur schalten, wenn A1 markiert ist. A1 unterliegt jedoch nicht der Schaltwirkung von t, d.h. die Marke auf A1 wird beim Schalten von t nicht fortgenommen. Das setzt voraus, dass A1 als Platz einer anderen Komponente angehört, die ihre Zustandsübergänge im allgemeinen unabhängig von der Komponente B durchführen kann. Solche zusätzlichen Pfeile können oft fortgelassen werden, wenn nur ein bestimmter Teil eines Netzes für die Betrachtung relevant ist. Eine Nebenbedingung bedeutet z.B. im Strassenverkehr, dass ein einmal gesetztes Signal beliebig zurückgenommen werden kann. In der Literatur über P-Netze findet man auch andere Arten der Darstellung von Nebenbedingungen. Oft ist man bemüht, neue Symbole zu vermeiden und die Nebenbedingungen mit Hilfe von vollen Pfeilen durch eine Schleife darzustellen (Bild III-3). Auf Seite 25 wurde bereits erwähnt, dass dies bei Anwendung der speziellen Regeln nicht möglich wäre, da A1 zwecks Aktivierung markiert und zwecks Schaltung nicht markiert sein muss. Davon abgesehen, widerspricht eine solche Darstellung dem Empfinden des Ingenieurs. Auch wenn man in der Theorie annimmt, dass die

Markenbewegung zeitlos erfolgt, entspricht dies nicht den tatsächlich gegebenen Verhältnissen und kann zu Komplikationen führen, wenn derselbe Platz als Nebenbedingung für mehrere verschiedene Transitionen dient. Wenn ein Autofahrer ein grünes Verkehrssignal erkennt und darauf reagiert, so geschieht eben durch diesen Prozess am Signal selbst nichts. Ein besonderes Symbol ist daher voll gerechtfertigt und hat sich in dieser Art auch schon weitgehend eingebürgert.

Entsprechend den Bildern III-1 und III-2 sind nur positive Nebenbedingungen darstellbar. Soll die Aktivierung einer Transition davon abhängig gemacht werden, dass eine Bedingung nicht erfüllt ist, so gibt es dafür mehrere Möglichkeiten der Darstellung

- Die Bedingung wird als binäre Komponente mit zwei Plätzen dargestellt. Beide Plätze können dann als Bedingung dienen (Bild III-4).
- Entsprechend der speziellen Regel (siehe Seite 23) wird der Umstand ausgenutzt, dass zur Aktivierung einer Transition alle auslaufenden Plätze (d.h. solche, auf die die Pfeile hinführen), frei sein müssen. Dementsprechend kann eine negative Bedingung am einfachsten durch einen auf einen Platz zulaufenden Pfeil gekennzeichnet werden (Bild III-5). Das hat den Vorteil, dass positive und negative Nebenbedingungen mit dem gleichen Symbol dargestellt werden können; jedoch den Nachteil, dass der Pfeil entgegen der kausalen Wirkung verläuft.
- Um dies zu vermeiden, kann man den Pfeil vom Platz zur Transition führen, wobei ein quer-gezeichnetes N die Negation kennzeichnet (Bild III-6).

*Bild III-1*
*A1 stellt eine Nebenbedingung für die Transition t dar.*

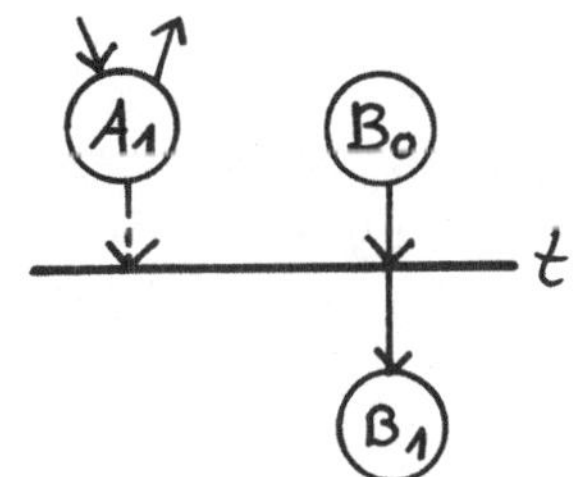

Bild III-2
Die Komponente A wirkt einseitig über eine Nebenbedingung auf die Komponente B ein.

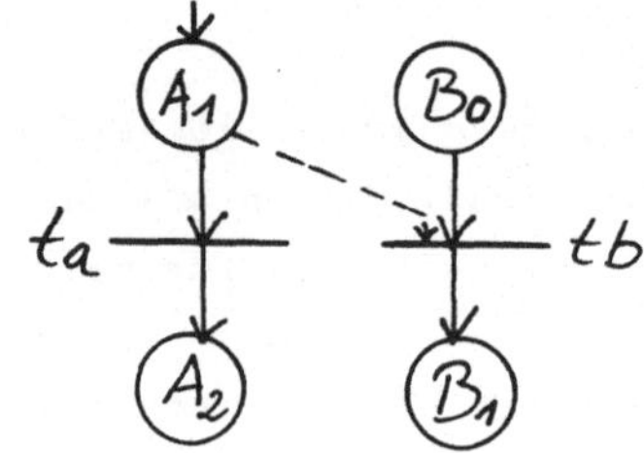


Bild III-3
Nebenbedingung dargestellt als Schleife mit vollen Pfeilen.

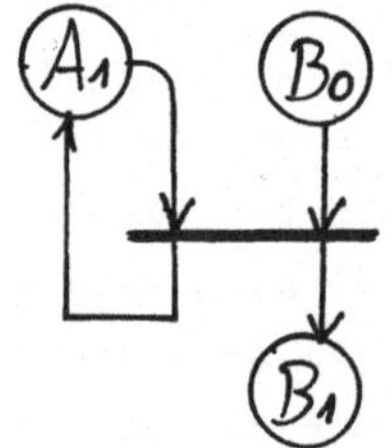


Bild III-4
Negative Nebenbedingung dargestellt durch eine binäre Vollkomponente A.

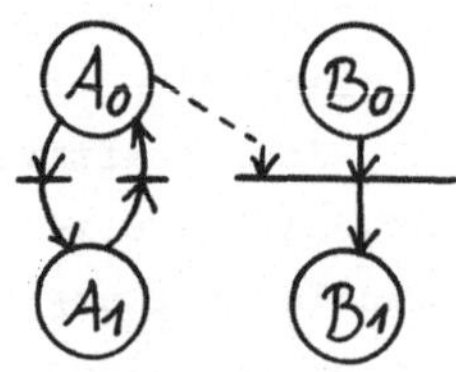


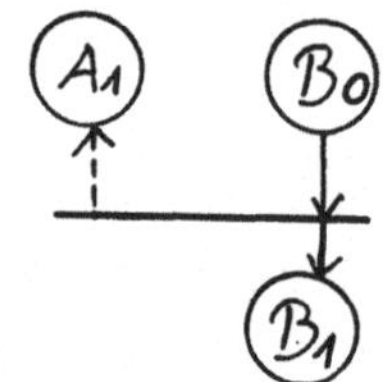


Bild III-5
Negative Nebenbedingungen dargestellt durch einen auf die Bedingung (A1) zulaufenden gestrichelten Pfeil.

Bild III-6
Negative Nebenbedingung dargestellt durch das Negations-Symbol N.

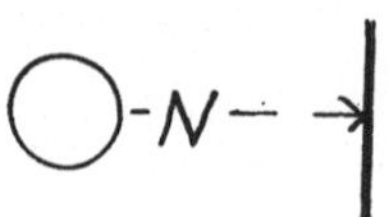

Die Theorie der P-Netze hat Methoden entwickelt, Nebenbedingungen zu eliminieren. Das ist für den Ingenieur jedoch kaum von Bedeutung (siehe Lautenbach L 8, S. 2).

III3) Disjunktive Schaltpfeile (Nebeneffekte)

Entsprechend dem zweiten Punkt (S. 52 , Abschnitt III2) kann man die Aufgabe der Pfeile auf den Schaltvorgang beschränken. Solche "disjunktiven Schaltpfeile" wollen wir durch zwei Punkte kennzeichnen, die neben die Pfeile gesetzt werden.

Die Bilder III-7 und III-8 zeigen die beiden Elementarfälle. Die Transition ist lediglich durch die Komponente A, also wenn A1 markiert und A2 frei ist, aktiviert, unabhängig von der Markierung von B. Beim Schalten von t wird

in Bild III-7 B auf jeden Fall markiert, unabhängig davon, ob es vorher bereits markiert war oder nicht. Im Falle der vorherigen Markierung wird aber keine Marke hinzugelegt.

in Bild III-8 B auf jeden Fall auf den nicht markierten Zustand gebracht, unabhängig davon, ob er vorher markiert war oder nicht.

Ein typisches Beispiel für den ersten Fall (Bild III-7) ist die Entgegennahme eines Kommandos, das von mehreren Stellen unabhängig gegeben werden kann. Das entsprechende Netz zeigt Bild III-9. Die Plätze A, B und C (Auftraggeber) schalten unabhängig voneinander den Platz D (Auftragnehmer). Diese Art der Verknüpfung entspricht der aussagenlogischen Disjunktion

$$A \vee B \vee C =: D$$

Daher wollen wir auch von einem disjunktiven Schalten sprechen. Wie wir später sehen werden, ist die Disjunktion mit normalen P-Netzen mitunter nur verhältnismässig umständlich darstellbar.

*Bild III-7*
*Disjunktives Schalten (Nebeneffekt). Der Platz B hat keinen Einfluß auf die Aktivierung der Transition t. Beim Schalten von t wird B auf jeden Fall markiert.*

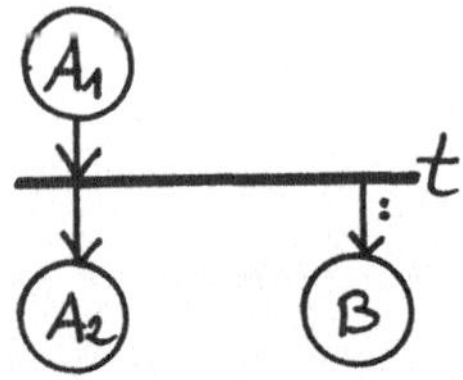

*Bild III-8*
*Beim Schalten von t wird der Platz B auf jeden Fall gelöscht.*

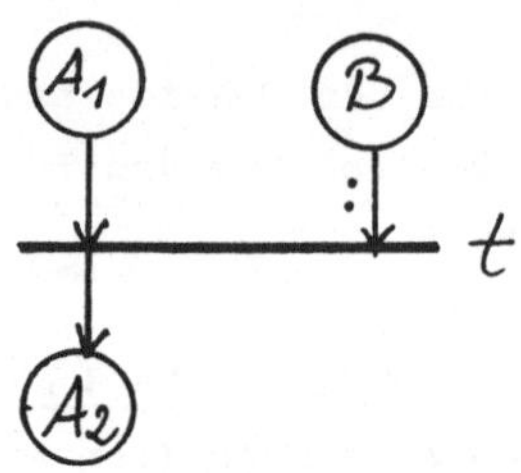


*Bild III-9*
*Lösung der Aufgabe der aussagenlogischen Disjunktion*
*A∨B∨C = : D*

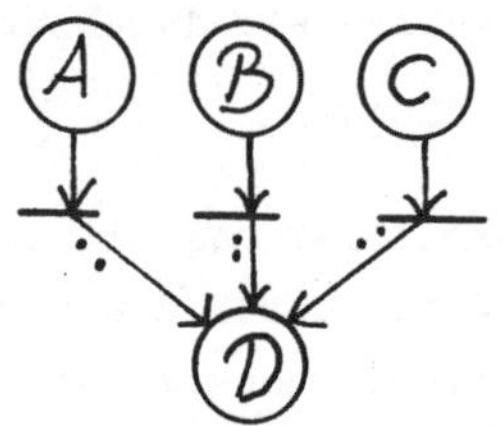


Ein typisches Beispiel für den zweiten Fall (III-8) ist die gleichzeitige Löschung von Informationsträgern, z.B. den Speicherelementen eines Registers. Ein entsprechendes Netz zeigt Bild III-10. Wir haben die Plätze A, B und C, die in beliebiger Kombination markiert sein können. Praktisch ausgeführte Schaltungen sind nun häufig so konstruiert, dass bestimmte Gruppen von Gliedern gemeinsam gelöscht werden können. Über den Platz L wird die Transition to aktiviert, welche die Glieder A, B und C, unabhängig von ihrer Markierung, löscht.

*Bild III-10*
*Löschung der Plätze A, B und C über das Löschkommando L.*

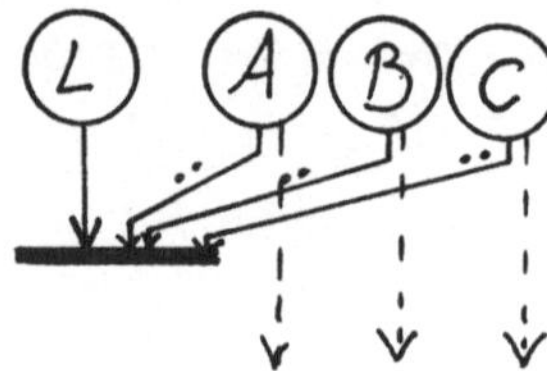

Die Spezialisierung der Pfeile auf Nebenbedingungen und disjunktives Schalten bringt neue Gesichtspunkte für die Theorie der P-Netze. Parallel verlaufende Pfeile beider Arten haben nicht immer dieselbe Auswirkung wie ein voller Pfeil. Darauf wird weiter unten (Abschnitt IV1.6) noch eingegangen werden.

III4) Einseitige Kopplung von Transitionen

Bild II-17 zeigt den Elementarfall eines Netzes mit zwei Komponenten A und B, die über eine Transition t1 gekoppelt sind. Die Kopplung ist dabei symmetrisch, d.h. die gemeinsame Transition ist nur aktiviert, wenn in beiden Komponenten die einlaufenden Bedingungen erfüllt sind. Das gleiche gilt für die durch die Transition bewirkten Schaltungen bzw. Änderungen der Markierung. Demgegenüber zeigt Bild III-11 eine einseitige Kopplung zwischen zwei Transitionen t1 und t2, die durch eine ausgefüllte Pfeilspitze miteinander verbunden sind. Auf der stumpfen Seite dieses Pfeils liegt die steuernde und auf der spitzen Seite die gesteuerte Transition. Diese Kopplungspfeile dürfen nicht mit den Pfeilen der gerichteten Kanten der P-Netze verwechselt werden.

*Bild III-11*
*Einseitige Kopplung zweier Transitionen. t1 ist die steuernde Transition und löst das Schalten der gesteuerten Transition t2 aus, sofern diese aktiviert ist.*

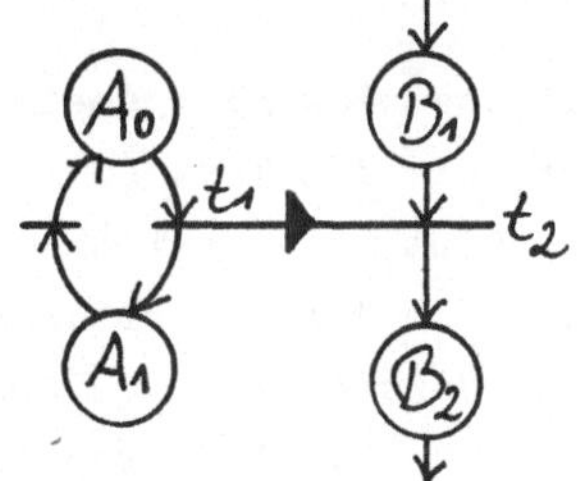


In bezug auf die Aktivierung der gekoppelten Pfeile gilt folgendes: die steuernde Transition ist aktiviert, sobald alle Bedingungen auf ihrer Seite erfüllt sind, d.h. ihre Aktivierung ist unabhängig von der gesteuerten Transition. Die gesteuerte Transition ist aktiviert, wenn alle Bedingungen auf ihrer Seite des Kopplungspfeiles erfüllt sind.

In bezug auf die Schaltung gekoppelter Transitionen gilt folgendes: die steuernde Transition schaltet, sobald sie aktiviert ist. Die gesteuerte schaltet, sofern sie aktiviert ist, gleichzeitig mit und ausgelöst durch die steuernde Transition. Sie kann also nie selbständig schalten.

Bild III-12 zeigt das entsprechende P-Netz in der normalen Darstellung ohne die Kopplung zwischen den Transitionen, allerdings unter Verwendung einer Nebenbedingung. Ist Ao aber nicht B1 markiert, so ist t1 aktiviert. Sind sowohl Ao als auch B1 markiert, so ist t2 aktiviert. t1 bewirkt beim Schalten nur eine Umstellung in der Komponente A, t2 sowohl in A als auch in B.

*Bild III-12*
*Ersatznetz für Bild III-11.*
*Es schaltet entweder t1 oder t2.*

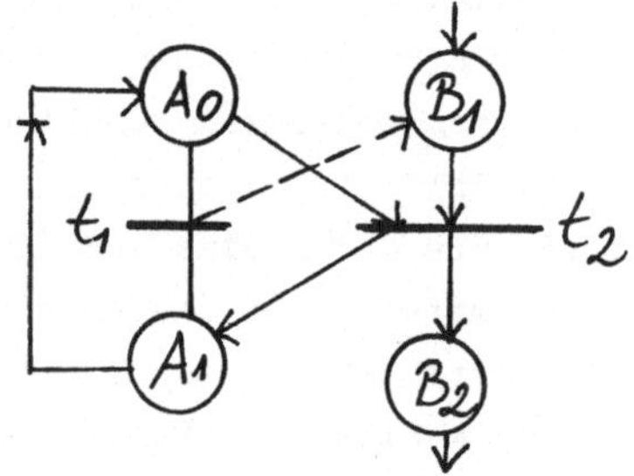


Ein typisches Anwendungsbeispiel bietet die Steuerung eines Systems durch eine Uhr, die den Takt für die einzelnen Vorgänge angibt. Es wird dabei vorausgesetzt, dass zwischen den Takten, also während der Uhrphasen, genügend Zeit für die Umstellungen in den abhängigen Teilen besteht. Bild III-13 zeigt das Schema eines solchen Netzes. Die Uhr wechselt fortlaufend die Phasen I und II. Diese Bezeichnung ist den ersten Relaisrechnern, die der Verfasser baute, entnommen. Dem Umschaltvorgang von I auf II entspricht die Transition tu. Sie wirkt steuernd auf weitere Transitionen t1, t2 usw., welche nur dann zusammen mit tu schalten, sofern sie selber aktiviert sind.

*Bild III-13*
*Durch eine Uhr mit den Phasen*
*I und II gesteuertes Netz.*

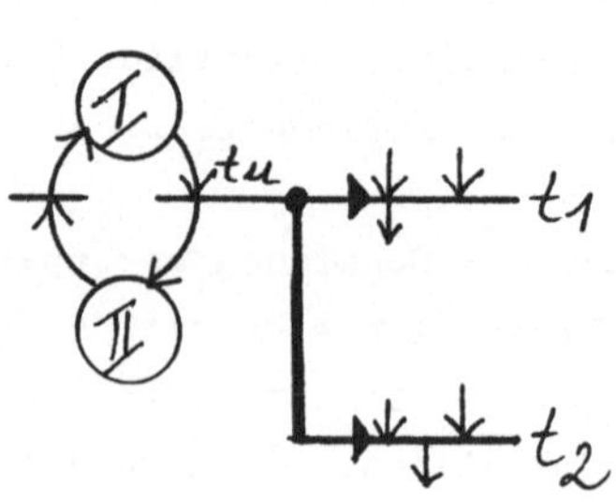

Die einseitige Kopplung kann auch zum Löschen von voll ausgebauten Komponenten dienen. Entsprechend Bild III-10 können nur isolierte Plätze bzw. binäre Rumpfkomponenten gelöscht werden. In Bild III-14 haben wir eine Gruppe von mehreren binären Komponenten A, B und C mit je zwei Plätzen für die beiden binären Positionen 0 und 1. Das Löschen erfolgt über die Transition t1 und die davon abhängigen Transitionen ta, tb und tc.

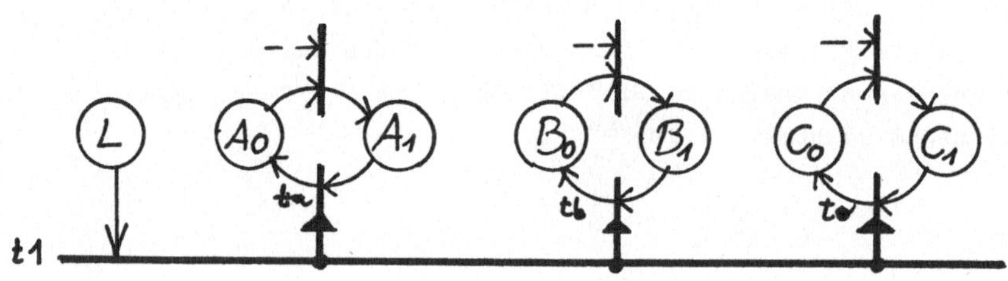


*Bild III-14*

*Gemeinsame Löschung einer Gruppe von binären Voll-Komponenten.*

Die in diesem Abschnitt besprochene Kopplung von Transitionen entspricht der Ereignis-Information, wie sie Ullrich (L 11, S 1-3) erwähnt.

## III5) Trigger-Transitionen

Bei P-Netzen wird theoretisch vorausgesetzt, dass bei einer Transition der Übergang zwischen den beteiligten Zuständen bzw. Bedingungen zeitlos erfolgt. In praktisch ausgeführten Systemen erfordert jedoch der Übergang meistens eine gewisse Zeit. Ein Ausweg besteht darin, auch die Übergangsphasen als Zwischenzustände zu definieren. Wir haben dann einen zeitlosen Übergang z.B. vom Ruhestand zur Bewegung. Solche Zwischenzustände sind jedoch im Gesamtzusammenhang meistens ohne Belang. Man arbeitet daher mit einem idealisierten Satz von Zuständen einer Komponente. Bereits im Abschnitt I9 wurde auf diesen Punkt aufmerksam gemacht.

Bei genauer Betrachtung der Übergänge ergibt sich ein weiterer Gesichtspunkt. Oft wird der Zustandswechsel in einer Komponente durch den Zustand einer anderen bedingt bzw. gesteuert, der jedoch während dieses Vorgangs bestehen bleibt. Bei Schaltwerken werden oft die Bauelemente der einen Gruppe durch die Bauelemente einer anderen Gruppe geschaltet. Die Elemente der Gruppe A behalten ihre Position, während sich die Elemente der Gruppe B (gesteuert durch Gruppe A) umstellen. Beim Markenspiel müssen also Bedingungen und zu schaltende Plätze verschieden behandelt werden. Ein derartiger Zusammenhang zwischen steuernden und gesteuerten Elementen wird auch als Triggern bezeichnet, wobei die darunter fallenden Konstruktionen wesentlich häufiger sind als die Anwendung dieses Wortes.

Bild III-15 behandelt einen Elementarfall, bei dem durch das Relais A über den zugehörigen Kontakt a das Relais B geschaltet wird. A muss während des Schaltvorgangs seine Position behalten, während B vom Zustand "abgefallen" zum Zustand "angezogen" übergeht. Bild III-16 zeigt ein P-Netz, welches die Übergangszeit nicht berücksichtigt.

*Bild III-15*
*Durch das Relais A wird das Relais B geschaltet. A triggert B.*

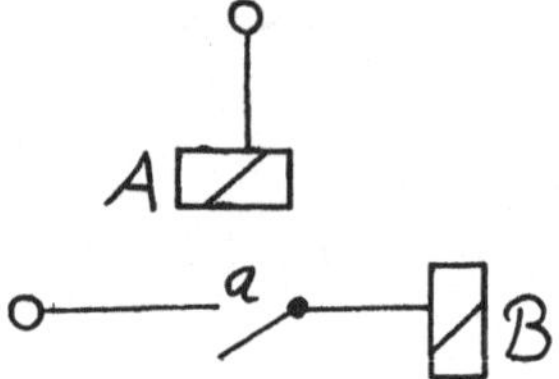


*Bild III-16*
*Das P-Netz entsprechend Bild III-21 berücksichtigt nicht die Zeitdauer des Anziehens von B.*

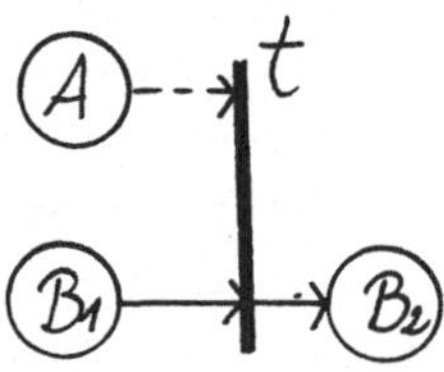


In Bild III-17 hat die Komponente B drei Plätze. Zu den beiden Plätzen B1 und B2 kommt der Platz 'B2 (Übergang zum Zustand B2) hinzu. Die Transition t1 ist von A als Nebenbedingung abhängig. Erst die Transition t2 bewirkt den Übergang zu B2. Dieses Netz entspricht jedoch nicht genau der Schaltung von Bild III-15; denn dort ist das Relais A eine Bedingung für den gesamten Prozess der Umstellung. A ist dann auch eine Nebenbedingung für t2 (Bild III-18) Dieses Netz ist jedoch reichlich kompliziert und gibt ebenfalls die Verhältnisse nicht exakt wider; denn A könnte zwischen dem Schalten von t1 und t2 frei werden.

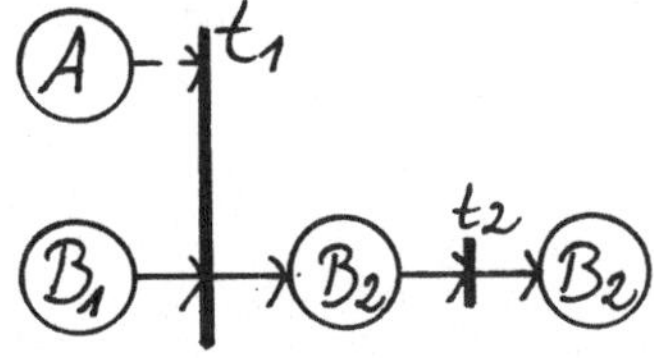


*Bild III-17*
*Für das Relais B wird zusätzlich ein Übergangszustand 'B2 eingeführt. Dieses Netz sagt jedoch nichts darüber aus, daß A während des Übergangs von B erfüllt bleiben muß.*

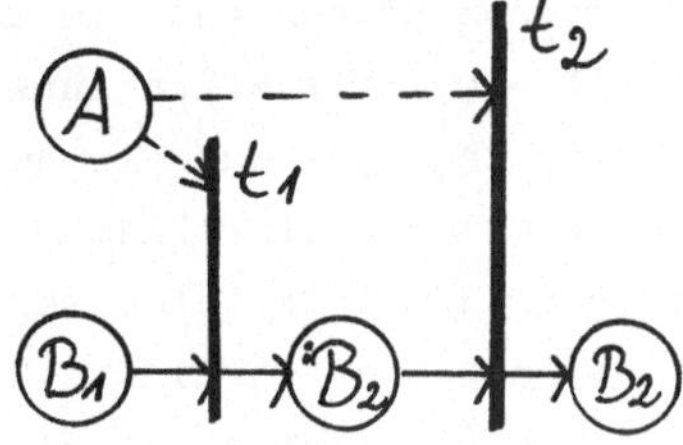


*Bild III-18*
*A ist Nebenbedingung sowohl für t1 als auch t2.*

Es soll daher die Triggertransition mit einer besonderen Symbolik eingeführt werden.

Das Bild III-19 entspricht in seinem einfachen und klaren Aufbau dem Bild III-16, nur mit dem Unterschied, dass die Transition t1 eine Besonderheit aufweist. Zunächst wird sie als Rechteck dargestellt, was allerdings auch sonst stets möglich ist. Bei den mit der Transition verbundenen Pfeilen wird zwischen den bedingenden (triggernden) und den in der Markierung zu ändernden (getriggerten) Plätzen unterschieden. Platz A wird als Nebenbedingung in üblicher Weise an die Transition herangeführt. Der Markenpfad von B1 nach B2 wird jedoch durch die Transition als zusammenhängende Linie hindurchgeführt. Dabei wird dieser (neben der normalen Pfeilspitze) innerhalb der Transition mit einer weiteren versehen. Der interne Pfeil ist stellvertretend für den Übergangszustand B2 der Bilder III-17 und III-18.

*Bild III-19*
*Die Trigger-Transition unterscheidet zwischen triggernden Bedingungen (A) und getriggerten Markenpfaden (B1→B2).*

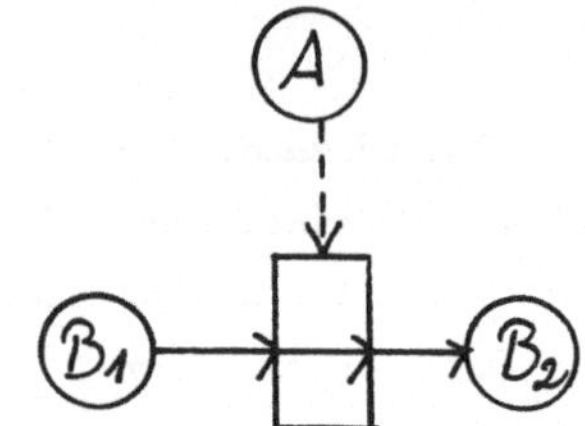


Solche Transitionen können auch in komplizierteren Verknüpfungen verwendet werden (Bild III-20). Wir haben zunächst die positive Nebenbedingung A, die negative Nebenbedingung B und die durch einen Voll-Pfeil mit der Transition verbundenen Bedingung C. Für Platz C wird ebenfalls vorausgesetzt, dass er während der Dauer der Transition markiert bleibt, und die Marke erst am Ende der Transition entnommen wird. Die Zeitdauer für den Übergang der Bedingung C vom Zustand des Erfülltseins zum Nichterfülltsein ist im Rahmen dieser Transition nicht relevant. A, B und C sind die triggernden Plätze. Durch die Transition wird zunächst der Übergang von E1 auf E2 gesteuert, ferner die Beendigung der Bedingung D, die im Gegensatz zu C nur am Anfang der Transition erfüllt sein muss und während der Transition vom positiven (markiert) zum negativen Zustand übergeht. D kann als binäre Rumpfkomponente aufgefasst werden.

*Bild III-20*
*A, B und C sind triggernde Plätze. C ist mit einem Vollpfeil mit der Transition verbunden. Seine Markierung endet mit dem Ende der Transition. E1→E2 ist ein getriggerter Markenpfad. D ist eine binäre Rumpfkomponente, die durch die Transition gelöscht wird.*

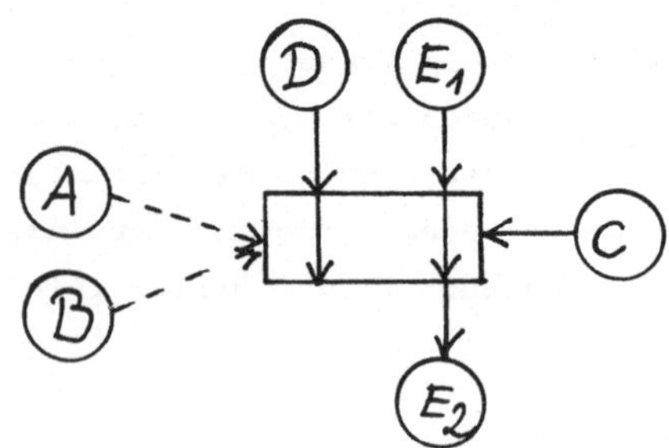

Es ist noch zu empfehlen, die triggernden Pfeile seitlich zu den durchlaufenden (getriggerten) Pfeilen anzubringen, um so den Unterschied in den verschiedenen Rollen der beteiligten Plätze auch äusserlich zu unterstreichen.

Oft besteht die Nebenbedingung in der Phase einer Uhr, worunter die Zeitspanne zwischen den Übergangsschritten (Takten) der Uhr verstanden sei. Die Dauer einer Phase ist dabei so gewählt, dass z.B. eine Relaisumschaltung (Anziehen, Abfallen) während dieser Zeit mit Sicherheit erfolgt. Es würde die Darstellung durch ein Netz unnütz verwirren, wenn man die Phasenbedingung an alle Transitionen heranführen wollte, die durch sie gesteuert werden. Entsprechend Bild III-21 kann die Phasenbezeichnung in ein gesondertes Kästchen in die Transition gesetzt werden.

*Bild III-21*
*Die Phase II einer Uhr dient als triggernde Nebenbedingung.*

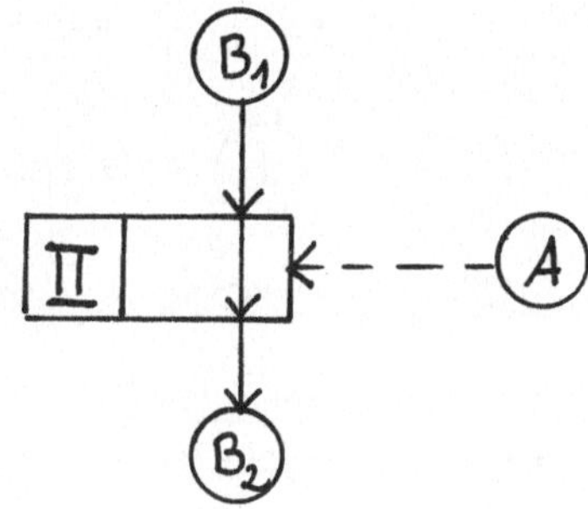


Der Ausdruck "Trigger" in Zusammenhang mit P-Netzen wird hier in einem anderen Sinn benutzt als bei Ullrich (L 11, S 3-7).

III6) <u>Symbole für Alternativen</u>

Wir haben in Abschnitt II1 in Bild II-5 bereits verschiedene Verknüpfungen innerhalb von Netzen kennengelernt. Auch der Begriff des Konfliktes wurde dort bereits erwähnt (Seite 33). Eine eingehende Besprechung von Konfliktsituationen, Konfusionen und den damit zusammenhängenden Unbestimmtheiten soll in Abschnitt IV erfolgen. Zunächst sollen nur einige zusätzliche Symbole eingeführt werden.

Eine Alternative liegt vor, wenn von zwei Transitionen aufgrund der Regeln der P-Netze nur eine schalten darf. Dabei sind verschiedene Fälle möglich:

- Die offene Alternative

  Das typische Beispiel ist eine Verzweigung innerhalb einer Komponente (Bild III-22). Eine auf A1 liegende Marke kann nur entweder über t1 nach A2 oder über t2 nach A3 gehen. Da alle drei Plätze derselben Komponente angehören, müssen bei Markierung von A1 die beiden Plätze A2 und A3 frei sein. Es muss also stets eine Entscheidung getroffen werden. Die beiden Transitionen werden durch ein auf der Spitze stehendes Viereck verbunden, welches den bekannten Flussdiagrammen entlehnt ist.

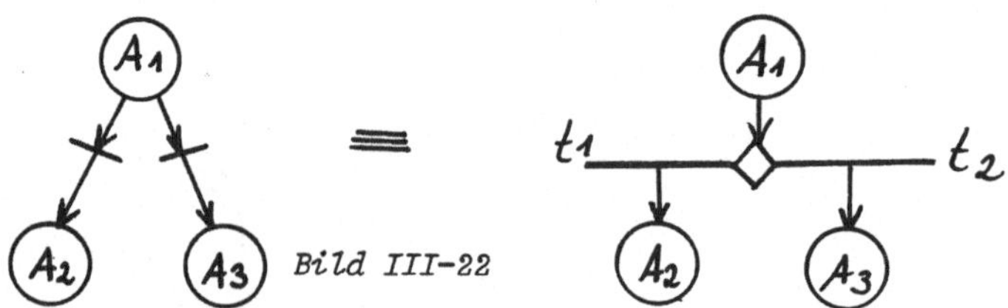


*Bild III-22*

*Offene Alternative für eine Verzweigung (branch).*

- Die kritische Alternative

  Das typische Beispiel ist eine Begegnung, wobei die beteiligten Plätze nicht alle derselben Komponente angehören (Bild III-23). Wir nehmen zunächst an, dass alle drei Plätze frei sind. Im allgemeinen wird einer der Plätze A oder B unabhängig vom anderen zuerst markiert werden, so dass auch nur eine der Transitionen t1 oder t2 aktiviert ist. Es kommt jedoch zu einer kritischen Situation, wenn die Plätze A und B etwa gleichzeitig belegt werden, bevor eine der beiden Transitionen geschaltet hat. Nur in diesem Falle ist eine Entscheidung erforderlich. Wir verwenden daher dasselbe Symbol wie bei der offenen Alternative; jedoch mit halb ausgefülltem Viereck.

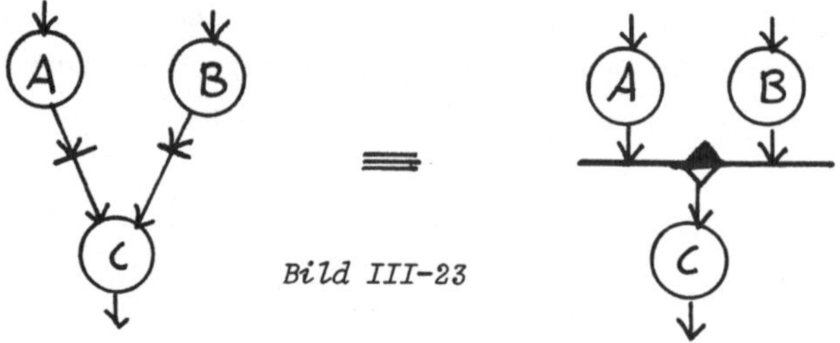


*Bild III-23*

*Kritische Alternative für eine Begegnung (meet).*

Die geschlossene Alternative

Das typische Beispiel ist eine Begegnung innerhalb einer Komponente. Die Alternative von Bild III-24 ist stets vorher entschieden, weil höchstens einer der beiden Plätze A1 oder A2 markiert sein kann. Das voll ausgefüllte Viereck deutet dabei an, dass nie eine Entscheidung zu treffen ist bzw. nie ein Konflikt vorliegen kann.

*Bild III-24*
*Geschlossene Alternative*

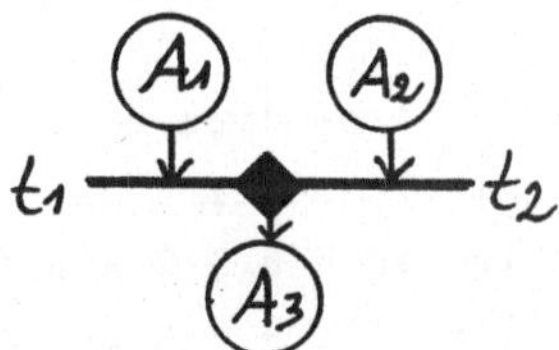


An allen Alternativ-Symbolen (Bild II-22, 23, 24) können weitere Plätze als Bedingungen bzw. Komponenten mit Markenpfaden beteiligt sein (Bild III-25). Um die Zugehörigkeit zu einer Komponente zu betonen, wollen wir vereinbaren, dass die den Markenpfaden entsprechenden Pfeile der verzweigten bzw. zusammengeführten Komponente möglichst nahe an die Mitte gelegt werden. So liegt in Bild III-25 eine Verzweigung innerhalb der Komponente C vor.

*Bild III-25*
*Kritische Alternative mit mehreren benachbarten Plätzen.*

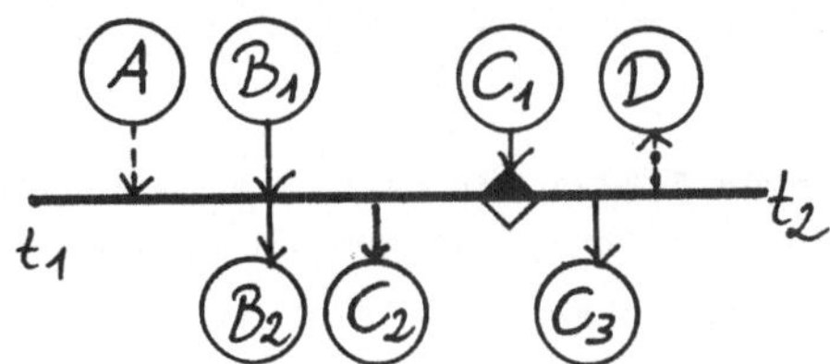


Auch die Verzweigung kann vorweg entschieden sein und somit durch eine geschlossene Alternative dargestellt werden. In Bild III-26 wird die Auswahl zwischen t1 und t2 durch die Bedingung B bewirkt. Allerdings gilt das nur unter der Voraussetzung, dass die Markierung von B nicht geändert wird, sobald A1 markiert ist; denn dadurch würde die Aktivierung von t1 nach t2 wechseln, was während der Umschlagzeit zu einer kritischen Situation führt. Das Symbol der geschlossenen Alternative darf in diesem Fall nur benutzt werden, wenn dies ausgeschlossen ist.

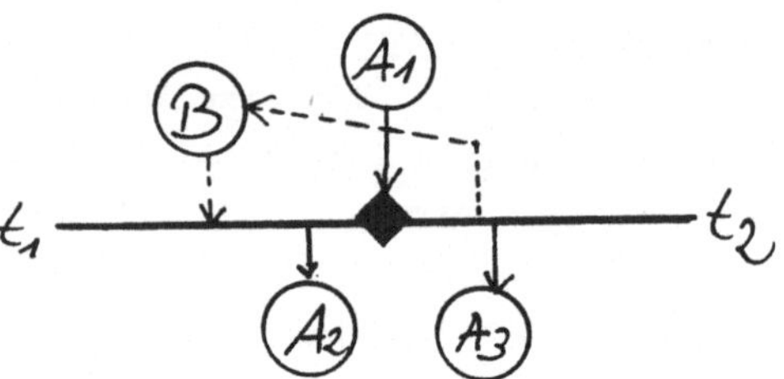


*Bild III-26*
*Geschlossene Alternative, die durch B vorentschieden wird.*

Die Symbole der Alternativen sind nicht immer vorteilhaft einsetzbar. Bild III-27 zeigt eine dreifache Verzweigung vom Platz Ao aus. Es besteht ein Konflikt zwischen den 3 Transitionen t1, t2 und t3. Man könnte ein Netz mit zwei Alternativ-Symbolen aufbauen. Wie Bild III-28 zeigt, benötigt man dafür aber einen weiteren Zwischenplatz A4. Bei diesem Netz sind ausserdem die Plätze A1, A2 und A3 nicht in gleicher Weise behandelt. Es liessen sich durch Platzvertauschung zwei andere Netze gleicher Struktur aufbauen.

*Bild III-27*
*Dreifache Verzweigung. Konflikt zwischen den Transitionen t1, t2 und t3.*

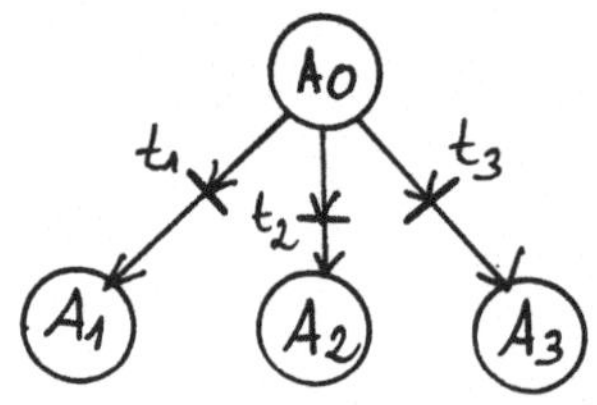


Man könnte auch für eine solche Entscheidung, welche mehr als zwei Möglichkeiten betrifft, weitere Symbole einführen. Das würde jedoch zu immer komplizierteren Formalismen führen. Die Struktur der P-Netze lässt sowieso eine Reihe von Fragen offen, die die "Spieler" der Transitionen und die Zusammenhänge zwischen ihnen betreffen. Darüber berichtet das Kapitel IV.

Die Symbole der offenen und der geschlossenen Alternative können dann fortgelassen werden und in üblicher Weise durch zwei normale Transitionen ersetzt werden, wenn ihre Anwendung bei komplizierten Netzen zu unübersichtlichen Darstellungen führen würde. Das Symbol der kritischen Alternative sollte jedoch nach Möglichkeit benutzt werden, da es wichtige Hinweise für die Implikation gibt.

## III7) Signal-Akzeptor

Einen besonderen Fall stellt der "Signalakzeptor" dar. Dort wird die Entscheidung nicht zwischen zwei Transitionen bzw. verschiedenen Wegen der Marke in einer Komponente gefällt. Die beiden Möglichkeiten bestehen darin, dass ein Zustand entweder erhalten bleibt oder in einen anderen übergeht. Ein typisches Beispiel ist in Bild III-29 dargestellt. Ein Autofahrer F fährt auf eine Kreuzung zu. Noch vor der Kreuzung schaltet die Verkehrsampel vom Zustand "freie Fahrt" (A1) zum Zustand "Kreuzung gesperrt" (Ao). Für den Fahrer F gibt es eine kritische Grenze G, bis zu der er noch in der Lage ist, sein Fahrzeug mit Sicherheit zum Halten vor der Kreuzung zu bringen. Die Fahrstrecke bis G sei mit P (Position) bezeichnet. Bild III-30 zeigt das entsprechende Netz. F1 und F2 bedeuten die Zustände des Autos "fahren" und "anhalten". Der Übergang wird durch die Transition t bewirkt, die von zwei Nebenbedingungen abhängt, dem Signal im Zustand Ao und der Position P.

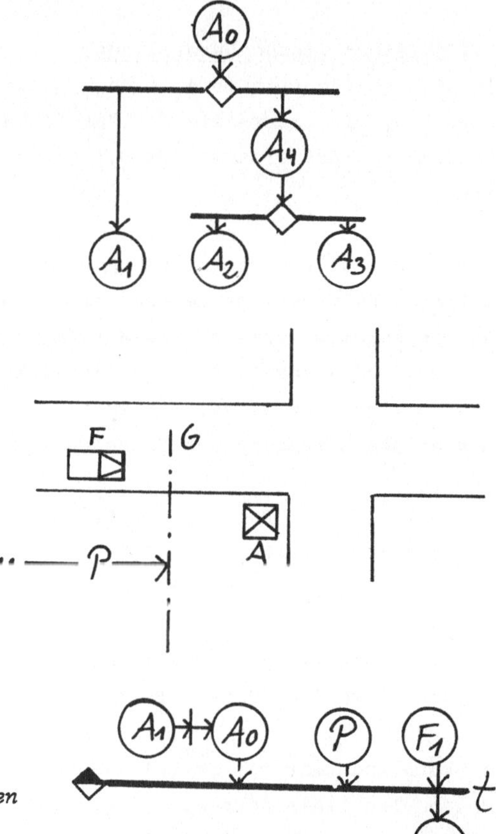


*Bild III-28*
*Das Symbol der offenen Alternative gilt nur für zwei Wege. Das Netz von Bild III-27 muß durch einen Zwischen-Platz A4 ergänzt werden.*

*Bild III-29*
*Verkehrssituation für einen Autofahrer F, der auf eine Kreuzung zufährt. A = Verkehrsampel, P = Bereich, innerhalb dessen eine Annahme des Stopsignals möglich ist.*

*Bild III-30*
*Signal-Akzeptor für das Beispiel von Bild III-29. Ao (Ampel steht auf rot) und P (Fahrzeug befindet sich genügend weit vor der Kreuzung) sind Nebenbedingungen für den Übergang des Fahrzeugs vom Weiterfahren zum Anhalten.*

Eine solche Transition wollen wir als Signalakzeptor bezeichnen und durch ein offenes auf der Spitze stehendes Viereck kennzeichnen. Durch halbe Ausfüllung des Vierecks wird entsprechend der kritischen Alternative (Bild III-23) angedeutet, dass nur in kritischen Fällen (kurzzeitige Aktivierung) eine Entscheidung zu fällen ist.

Wie wir später sehen werden, kann man alle kritischen Situationen in P-Netzen mit Hilfe von Signalakzeptoren und getakteten Teilnetzen lösen (Abschnitt IV1.5) Dabei werden von aussen kommende Meldungen über Signalakzeptoren in getaktete Systeme eingeschleust (Einreihen Abschnitt IV2.5). Der Signalakzeptor erhält dadurch eine wichtige Bedeutung als Schnittstellen-Element. Innerhalb der getakteten Systeme werden dann nur geschlossene Alternativen benötigt, da die Entscheidungen für alle denkbaren Fälle durch die Netzstruktur vorprogrammiert werden können.

## III8) Zeichnerische Darstellung

In diesem Abschnitt seien noch einige zeichnerische Darstellungsformen besprochen, die einerseits das Verständnis komplizierter Netze erleichtern sollen und andererseits dem Stile technischer Schaltzeichnungen angepasst sind.

Der Ingenieur bevorzugt orthogonale Linienzüge. Die in der Literatur behandelten P-Netze weisen dagegen oft recht verworrene Schlangenlinien auf. Bei der ingenieurgerechten Darstellung von P-Netzen wollen wir einen Kompromiss machen, und - soweit die Verständlichkeit dadurch nicht leidet - orthogonale Verbindungen vorziehen. In machen Fällen mögen jedoch schräge oder gekrümmte Linien die Zusammenhänge besser veranschaulichen.

Ein wesentlicher Punkt sind die Bündelungen von Kanten bzw. Pfeilen eines Graphen oder Netzes. Bild III-31 zeigt, wie die drei vom Platz A zu den Transitionen t1, t2 und t3 laufenden Pfeile durch Bündelung zusammengefasst werden können. Dabei sei vereinbart, dass nur Pfeile gleichen Typs, also entweder Vollpfeile oder gestrichelte Pfeile oder disjunktive Schaltpfeile gebündelt werden dürfen. Bild III-32 zeigt ein Beispiel.

Es kann auch mit dem Symbol des verlängerten Platzes gearbeitet werden, der durch eine Linie dargestellt wird, die durch einen starken Punkt an den Platz angeschlossen ist (Bild III-33). Auf diese Weise können auch zwei

Plätze gekoppelt werden (Bild III-34). Das kann mitunter zu einer übersichtlichen Darstellung führen.

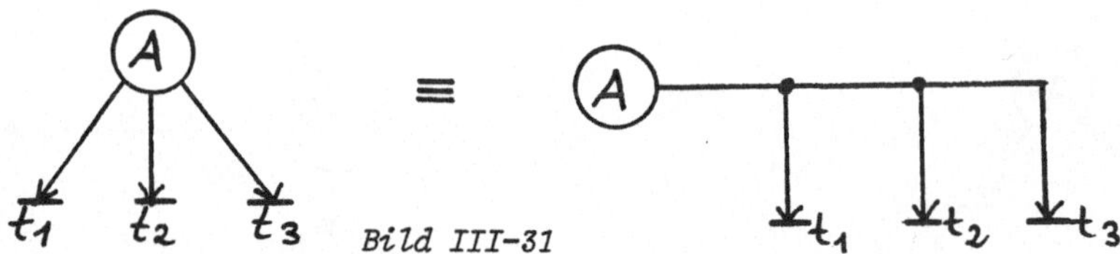


*Bild III-31*

*Zusammenfassung von Pfeilen eines Netzes durch Bündelung.*

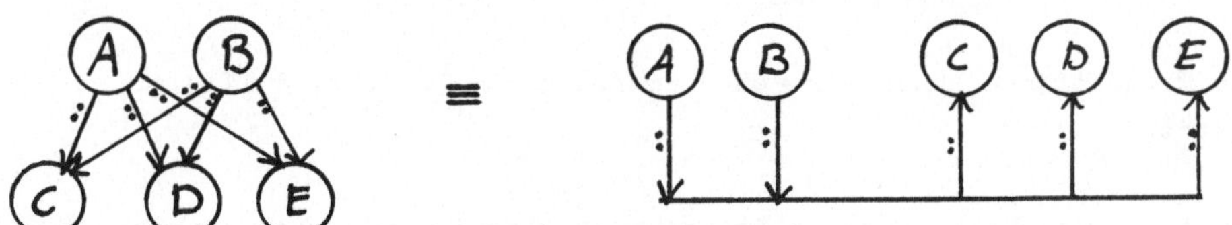


*Bild III-32*

*Bündelung mehrerer disjunktiver Schaltpfeile.*

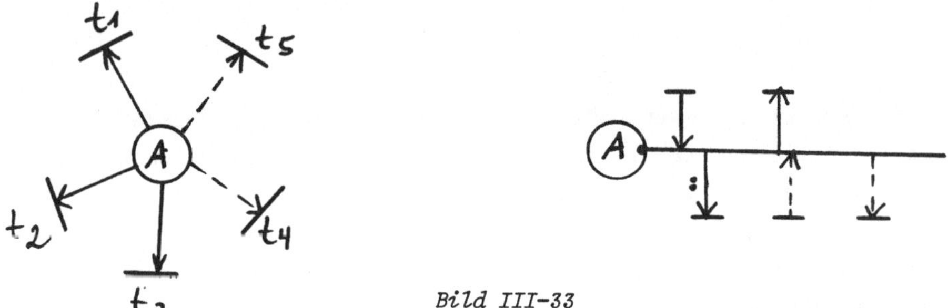


*Bild III-33*

*Verlängerter Platz. Die an Platz A mit einem starken Punkt angeschlossene waagerechte Linie stellt eine Verlängerung des Platzes A dar.*

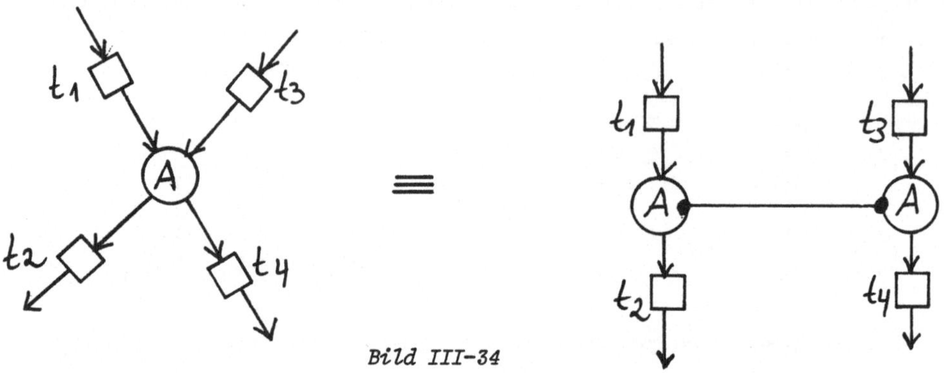

*Bild III-34*

*Platzkoppelung*

Verzweigte Transitionen haben wir schon im Abschnitt III4, Bild III-14, kennengelernt.

Allgemein ist zu beachten, dass Linien mehrere Bedeutungen haben können:

- Kanten bzw. Pfeile des Netzes,
  davon sind wieder drei Arten möglich:
  - volle Pfeile,
  - Nebenbedingungen,
  - Disjunktive Schaltpfeile,
- Transitionen,
- Verlängerte Plätze
- Trennung von Komponenten oder Netzteilen (konstruktiven Einheiten)

Die Transitionen können im Zweifelsfall auch durch Rechtecke dargestellt werden. Verlängerte Plätze sollte man nur verwenden, wenn keine Verwechslungen mit den anderen Linienarten möglich sind.

Der Ingenieur kennt auch die Aufteilung von Schaltzeichnungen auf verschiedene Blätter. Dabei können z.B. Leitungen unterbrochen werden, was durch kleine Kreise mit Bezeichnungen gekennzeichnet werden kann. Für P-Netze gilt nun wieder, dass solche Verteilungen auf mehrere Blätter mit gekennzeichneten Unterbrechungen für alle der oben genannten Linienarten denkbar sind. Es sei hier nur auf diesen Punkt hingewiesen, ohne Vorschriften im einzelnen zu formulieren.

## III9) Zusammenfassende Darstellungen

Es besteht mitunter Interesse daran, die allgemeinen Zusammenhänge eines Netzes zusammengefasst darzustellen. Es können dann Teilmengen von Plätzen, Transitionen, Pfeilen der verschiedenen Art usw. durch ein einzelnes Symbol repräsentiert werden. In der Informatik hat es sich bewährt, Mengen, bei denen die Anzahl der Elemente gleitend ist, durch einen Stern * zu kennzeichnen. So bedeutet die Schreibweise

$$(A)^*$$

dass es sich um eine mehrfache Wiederholung der Struktur A handelt, wobei die Anzahl der Elemente auch gleich Null sein kann. Dementsprechend können wir für eine zusammenfassende grafische Darstellung von P-Netzen folgende Symbole einführen:

(*A) Menge von Plätzen mit der Sammelbezeichnung A

[Ti *] Menge von Transitionen mit der Sammelbezeichnung Ti

—*→ Menge von in derselben Richtung laufenden vollen Pfeilen

- * → Menge von in derselben Richtung laufenden Nebenbedingungspfeilen

—*→ (..) Menge von in derselben Richtung laufenden disjunktiven Schaltpfeilen

Es lassen sich ferner Pfeile der gleichen Art jedoch verschiedener Richtung dadurch zusammenfassen, dass die Pfeilspitzen fortgelassen werden:

—*— / - -*- - / —*— (..) Menge von gerichteten Pfeilen mit beliebiger Richtung

Bild III-35 zeigt ein mit diesen Symbolen aufgebautes zusammenfassendes Netz. Hier sind die beiden Platzmengen A und B, die über die Menge von Trigger-Transitionen T1 und T2 zu einem Kreislauf verbunden sind. Über Nebenbedingungen wirkt A auf T1 und B auf T2 ein. Über die Transitionen werden die Markierungen der Plätze von A bzw. B durch disjunktive Schaltpfeile verändert. Das Schema von Bild III-35 entspricht einem zweischrittigen Schaltwerk in einem Computer.

Derartige Darstellungen sind keine P-Netze, sondern lediglich Hilfsmittel zum Verständnis von P-Netzen.

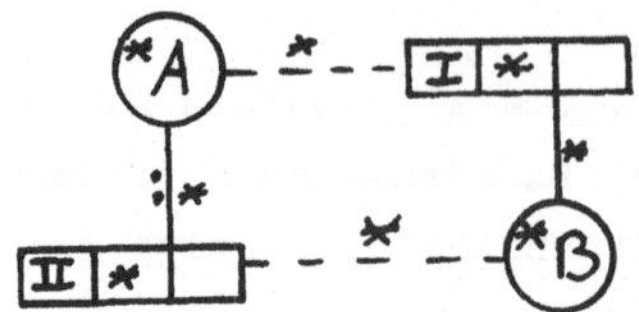


*Bild III-35*

*Zusammenfassende Darstellung eines zwei-schrittigen Schaltwerks. Die Symbole "✱" für die Knoten und Verbindungen des Netzes sind stellvertretend für eine beliebige Anzahl der betreffenden Elemente.*

Man kann auch zusammenfassende Darstellungen als P-Netze auffassen, wenn man den Symbolen Kreis und Viereck eine besondere Auslegung gibt. Bereits auf S. 29 wurden die Netze aus Instanzen und Kanälen (NIK) und diejenigen aus Aufgaben und Mitteln (NAM) erwähnt. Ein Kreis bedeutet dabei ein "Platz-umrandetes" und Viereck ein "Transitions-umrandetes" Teilnetz. Solche vergröberten Darstellungen sind für manche Aufgaben sicher wertvoll; jedoch entsprechen die Aufteilungen eines konstruktiven Systems nicht immer diesen Vorstellungen. Die Teilsysteme des Ingenieurs bieten in bezug auf die Schnittstellen ein recht buntes Bild. Es wird daher in diesem Buch auf die Instrumente NIK und NAM nicht näher eingegangen (L 19).

## Zusammenfassung von Kapitel III

Es werden einige Symbole besprochen bzw. neu eingeführt, um die Möglichkeiten der P-Netze z.T. zu verstärken. Sie erleichtern das Verständnis und sind der dem Ingenieur gewohnten Schaltungstechnik angepasst. Hierzu gehören:

- Nebenbedingungen
- Disjunktive Schaltpfeile (Nebeneffekte)
- Einseitige Kopplung von Transitionen
- Trigger-Transitionen
- Offene, kritische und geschlossene Alternativen
- Signalakzeptoren
- Methoden der zeichnerischen Darstellung

# IV Konflikte und Unbestimmtheiten in P-Netzen

## IV) Allgemeines

### IV1.1) Konflikte und Alternativen

In den vorhergehenden Kapiteln wurde bereits verschiedentlich der Ausdruck "Konflikt" benutzt. Die allgemeine Definition lautet:
Ein Konflikt liegt vor, wenn die Aktivierung einer Transition durch das Schalten einer anderen rückgängig gemacht werden kann.

Ein Konflikt ist demnach durch eine bestimmte Markierung eines dafür geeigneten Teilnetzes gegeben. Solche "konfliktfähigen" Teilnetze sind z.B. die Verzweigung (branch) (Bild IV-1) und die Begegnung (meet) (Bild IV-6). Sind für das Netz Komponenten festgelegt, so liegen unter Umständen besondere Verhältnisse vor, die sich fördernd oder einschränkend auf die Möglichkeit von Konflikten auswirken. Bei einem Konflikt besteht eine Aktivierungsmöglichkeit für mehrere benachbarte Transitionen, welche mindestens zwei verschiedene Varianten (Alternativen) für das Schalten der beteiligten Transitionen bietet. Im Abschnitt III6 wurden die verschiedenen Arten von Alternativen (offene, kritische und geschlossene) besprochen und hierfür besondere Symbole eingeführt (Bild III-22, 23, 24). Es hängt von der Interpretation ab, wer (welcher Spieler) für die Entscheidung zuständig ist, bzw. mit welchen Mitteln und auf welche Weise ein Wettbewerb zwischen mehreren Spielern ausgetragen wird. Die Rolle der Spieler kann von verschiedenen Instanzen bzw. Objekten übernommen werden, z.B. von einem Menschen, einem Verkehrsmittel, einer Uhr, einer speziellen Entscheidungsvorrichtung, einem Lotteriemechanismus usw. Formal gesehen, gewinnt den Wettbewerb derjenige Spieler, der zuerst schaltet. Alles, was darüber hinausgeht, gehört zur Interpretation.

Bei gegebenen Markierungen ist die Frage, ob ein Konflikt vorliegt, noch von der verwendeten Spielregel abhängig. Bei der allgemeinen Spielregel spielt die Belegung der nachfolgenden Plätze keine Rolle, sofern die Markenzahl pro Platz nicht begrenzt ist. Bei der speziellen Regel müssen sie jedoch frei sein. Wie bereits auf Seite 23 vereinbart, wollen wir im folgenden lediglich mit der speziellen Regel arbeiten.

Das Verständnis der verschiedenen möglichen Konfliktsituationen wird durch den Fallgraphen erleichtert, der in dieser Arbeit jedoch nicht eingehend behandelt wird. Unter einem "Fall" versteht man eine Markierung (also Markenverteilung auf einem gegebenen Netz. Sie muss mit dem System, also gegebenenfalls mit der Aufteilung in Komponenten (siehe Seite 37) vereinbar sein. Im Sinne des Markenspiels entspricht ein Fall also der Spielsituation. Derartige Fälle können nun im Sinne der Automatentheorie als Zustände des gesamten durch das Netz simulierten Systems aufgefasst werden. Im Fallgraphen werden ihnen Knoten zugeordnet, die durch Übergangspfeile miteinander verbunden sind. Zunächst brauchen wir nur Fallgraphen zu betrachten, bei denen die Übergänge den einzelnen Transitionen des zugeordneten P-Netzes entsprechen. Die Bilder IV-2, IV-4, IV-7 und IV-9 zeigen derartige Fallgraphen in schematischer Form. Bei den hier behandelten elementaren Situationen lassen sich die verschiedenen Markierungen unmittelbar anschaulich und analog dem Bild des Netzes darstellen, wobei die grossen Kreise den Fällen und die kleinen Kreise in diesen den Plätzen des Netzes entsprechen. Die Doppelpfeile zeigen die Übergänge zwischen den Fällen an und sind mit der zugeordneten Transition des P-Netzes gekennzeichnet.

Die Bilder IV-3, IV-8, IV-10 und IV-11 zeigen, in welcher Weise die im Abschnitt III6 eingeführten Symbole der offenen, kritischen und geschlossenen Alternative bei den gegebenen Situationen angewendet werden können. Dabei ist zu beachten, dass diese Symbole zur Netzstruktur gehören bzw. sie ergänzen. Sie machen allgemeine Aussagen über mögliche Konflikte, während für den konkreten Fall eine Anfangsmarkierung gegeben sein muss.

Wir besprechen zunächst die Verzweigung (branch) innerhalb eines Netzes (Bilder IV-1 bis IV-5). Ein Konflikt liegt vor, (Bild IV-2) wenn der Platz A markiert ist und die Plätze B und C frei sind. Das kann z.B. eintreten, wenn die Plätze A, B und C derselben Komponente angehören. Dann haben wir es mit einer Alternative zu tun (Bild IV-3).

Bei der in Bild IV-2 dargestellten Situation muss von aussen für die Entscheidung die Information von einem bit zugeführt werden. "Aussen" bedeutet dabei lediglich, dass diese Information nicht aus der Netzstruktur und der vorliegenden Markierung entnommen werden kann. Z.B. kann ein Lotteriemechanismus im Rahmen eines übergeordneten Systems dieses Entscheidungsbit liefern; er steht jedoch ausserhalb des betrachteten Netzes.

Bei einem Mehrmarkenspiel, bei dem die drei Plätze A, B und C (Bild IV-1) nicht derselben Komponente angehören, sind verschiedene Anfangsmarkierungen möglich, von denen die beiden in Bild IV-4 gezeigten Fälle schaltfähig sind.

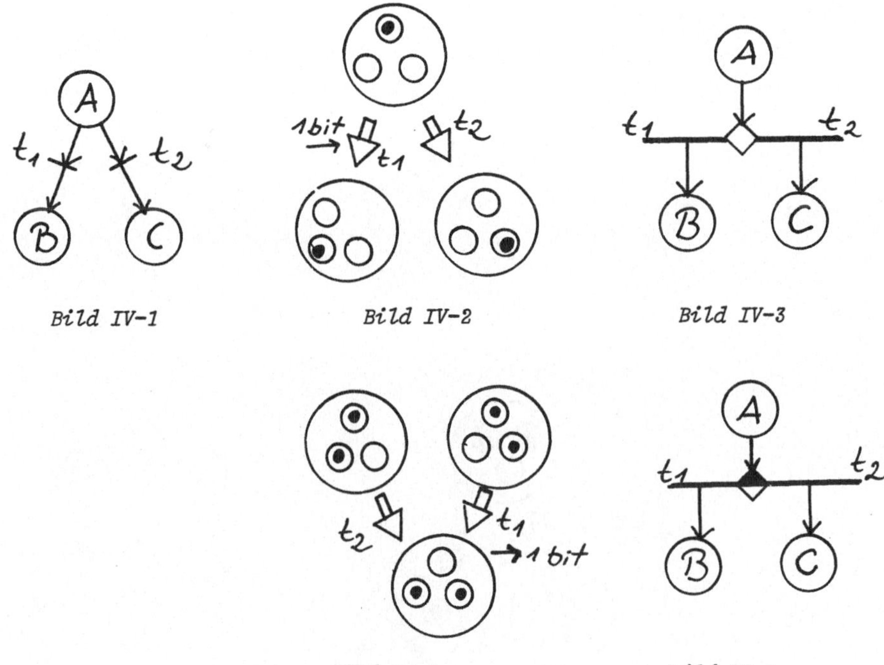


Bild IV-1 Bild IV-2 Bild IV-3

Bild IV-4 Bild IV-5

*Bild IV-1* *Verzweigung (branch). Konflikt möglich.*

*Bild IV-2* *Fallgraph für den Konflikt entsprechend Bild IV-1. Die Marke von Platz A kann auf Platz B oder C gelegt werden. Zuführung von Information für die Entscheidung.*

*Bild IV-3* *Netz von Bild IV-1 und IV-2 mit offener Alternative. Es wird vorausgesetzt, daß nur die in Bild IV-2 gezeigte Anfangsmarkierung möglich ist.*

*Bild IV-4* *Fallgraph für das Netz von Bild IV-1 mit zwei Marken. Die beiden möglichen Anfangsmarkierungen gehen in dieselbe Markierung über. Es liegt kein Konflikt vor. Der Fallgraph enthält eine Zusammenführung (join). Information geht verloren.*

*Bild IV-5* *Netz von Bild IV-1 mit kritischer Alternative. (Jede beliebige Anfangsmarkierung der Plätze A,B und C ist möglich).*

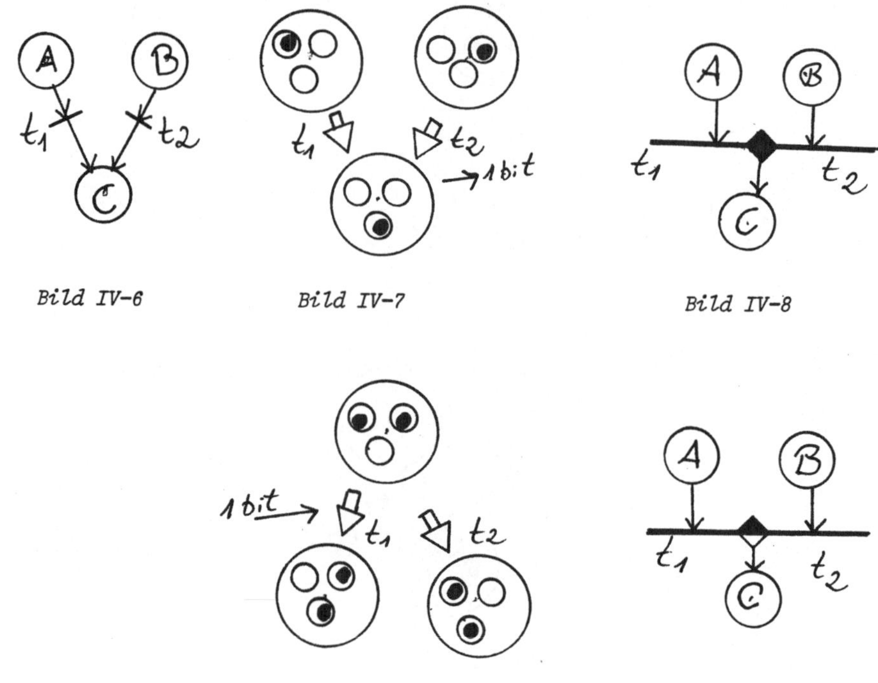


*Bild IV-6* *Begegnung (meet). Konflikt möglich, falls die drei Plätze nicht zur selben Komponente gehören.*

*Bild IV-7* *Fallgraph bei einem Einmarkenspiel (Ein-Komponenten-System). Kein Konflikt. Es geht Information verloren.*

*Bild IV-8* *Netz entsprechend Bild IV-6 und IV-7 mit geschlossener Alternative.*

*Bild IV-9* *Fallgraph zum Netz von Bild IV-6 mit Markierung beider Plätze A und B. Es besteht ein Konflikt, da nur eine der beiden Marken nach C gelegt werden kann. Zuführung von Information für die Entscheidung.*

*Bild IV-10* *Netz von Bild IV-6 mit kritischer Alternative.*

*Bild IV-11*
*Verzweigtes Netz mit offener und geschlossener Alternative.*

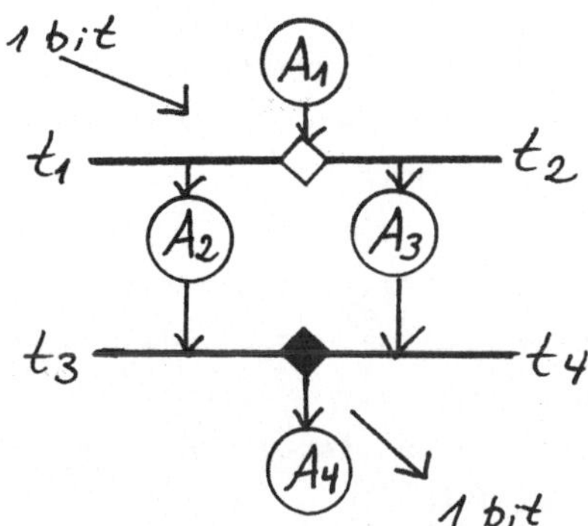


Bei jeder dieser Markierungen ist jedoch nur eine der Transitionen t1 oder t2 aktiviert, so dass kein Konflikt vorliegt. Das Ergebnis des Schaltens ist in jedem Falle dasselbe. Die Verzweigung des Netzes von Bild IV-1 wird bei diesen Anfangsmarkierungen also zu einer Zusammenführung im Fallgraphen von Bild IV-4. Aus dem Ergebnis der Zusammenführung kann hinterher nicht auf die vorherige Markierung geschlossen werden. Die Variationsmöglichkeit des Ablaufs wird dadurch eingeschränkt. Wir können dies dadurch symbolisieren, dass wir an der Zusammenführung ein bit Information nach aussen abführen, welches normalerweise verlorengeht.

Sind beliebige Anfangsmarkierungen des Netzes von Bild IV-1 möglich, so ist das Symbol der kritischen Alternative entsprechend Bild IV-5 angebracht. Es besagt, dass an dieser Verzweigung Konflikte möglich sind.

Wir kommen nun zur Begegnung (meet) innerhalb eines Netzes (Bilder IV-6 bis IV-10). Beim Einmarkenspiel, wenn also die drei beteiligten Plätze derselben Komponente angehören, ist kein Konflikt möglich, da höchstens einer der Plätze A oder B markiert sein kann (Bild IV-7). Es gilt analog zu Bild IV-4, dass ein bit Information verlorengeht bzw. abgeführt werden kann. Hier kann das Symbol der geschlossenen Alternative verwendet werden (Bild IV-8).

Beim Mehrmarkenspiel ist das Netz nur dann schaltfähig, wenn mindestens einer der Plätze A oder B markiert ist und C frei ist. Ist sowohl A als auch B markiert, so liegt ein Konflikt vor. Bild IV-9 zeigt den zugehörigen Fallgraphen. Die Begegnung (meet) im Netz von Bild IV-6 wird also zu einer

Gabel (fork) im Fallgraphen von Bild IV-9. Entsprechend Bild IV-2 muss auch hier ein bit von aussen zugeführt werden. Bild IV-10 zeigt das Netz bei Verwendung des Symbols für die kritische Alternative (Konflikt möglich).

Zur kritischen Alternative ist noch folgendes zu sagen:
Eine genaue Analyse ergibt, dass gegebenenfalls zwei Entscheidungen zu treffen sind:

- Wann ist sie kritisch? D.h. wann sind die beiden Transitionen etwa gleichzeitig aktiviert?
- Welche ist dann zu bevorzugen?

Beide Entscheidungen sind im allgemeinen demselben Spieler bzw. Mechanismus überlassen (siehe Abschnitt IV3).

IV1.2) <u>Einfache verzweige Netze</u>
Solche Netze wurden bereits auf Seite 35 mit den Bildern II-14 und II-15 besprochen.

In Bild IV-11 ist ein Netz wiedergegeben, bei dem zwei Zweige, einmal über A2 und zum anderen über A3 durchlaufen werden können. Beim Markenspiel muss für die Alternative zwischen t1 und t2 ein bit Information von aussen zugeführt werden, welches beim Schalten von t3 bzw. t4 wieder verlorengeht.

Eine solche Situation liegt bei einem Spiel von Pfadfindern vor, die in einem unbekannten Gelände mit vielfach verzweigten und wieder zusammenführenden Wegen eine Wanderung unternehmen und später sicher zum Startpunkt zurückkehren wollen. Bei jeder Verzweigung muss eine Entscheidung getroffen werden, und bei jeder Zusammenführung (Begegnung) muss ein Kennzeichen zurückgelassen werden. Beim Rückweg werden Begegnungen zu Verzweigungen und umgekehrt. (Wir wollen dabei der Einfachheit halber annehmen, dass die Wege mit Richtungspfeilen versehen sind, wobei sie beim Hinweg in Pfeilrichtung und beim Rückweg entgegen der Pfeilrichtung durchwandert werden.) Die zurückgelassenen Zeichen dienen dann der Auswahl des richtigen Weges bei der rückläufigen Verzweigung.

Wir betrachten jetzt ein Netz mit einem Mehrmarkenspiel (Bild IV-12). Im Fall der Belegung der beiden Plätze A und B liegt ein Konflikt vor (Bild IV-13). Wir haben zunächst eine Verzweigung. Lassen wir das Markenspiel jedoch weiter laufen, so können wir die beiden Zweige nach zwei weiteren Schritten wieder zusammenführen mit dem Ergebnis der gleichen Markierung.

*egnung (meet) und*
*em Platz D.*

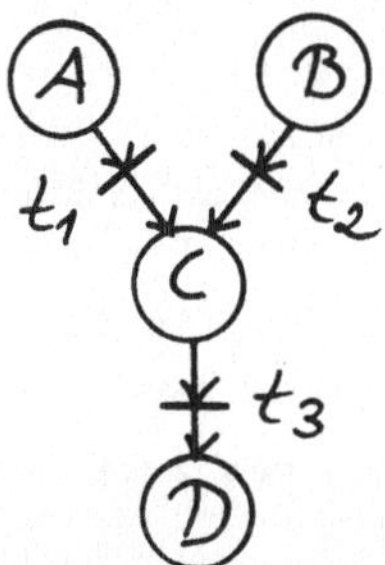


*r das Netz von Bild IV-11*
*und einer Verzweigung,*
*ßend wieder zusammen-*

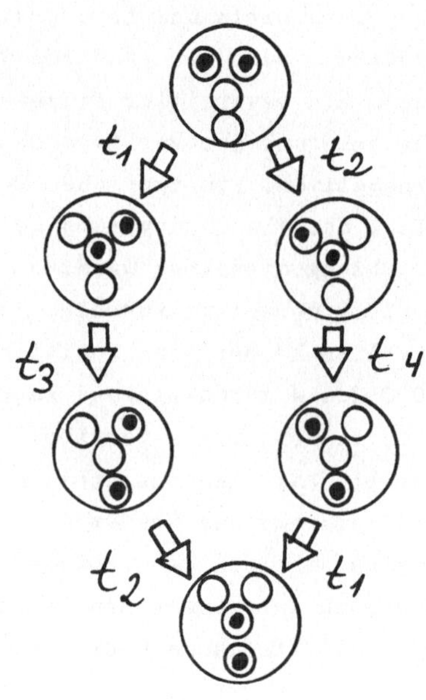

IV1.3) Vorwärts- und Rückwärts-Konflikte

In der Literatur über P-Netze ist von Vorwärts- und Rückwärts-Konflikten die Rede (L 3, S 8). Die im vorhergehenden Abschnitt besprochenen Konflikte sind in diesem Sinne Vorwärts-Konflikte (Bilder IV-2, IV-9). Bei ihnen wird zur Auswahl eines von zwei möglichen Zweigen des Ablaufs ein bit Information benötigt.

In der Theorie der P-Netze, wie sie insbesondere von Petri selbst vertreten wird, spielen reversible und irreversible Prozesse eine wichtige Rolle. Um dies zu verstehen, muss man eine positive und eine negative Zeitrichtung unterscheiden. Ein reversibler Prozess liegt vor, wenn er in der positiven Zeitrichtung aufgrund der vorliegenden Gesetze in analoger Weise verläuft wie in der negativen. Ein typisches Beispiel ist die Mechanik von Newton. Für den Ablauf des Planetensystems gelten in der positiven wie in der negativen Zeitrichtung dieselben Gesetze. Aus diesem Grund ist es auch möglich, unter Verwendung derselben Formeln, lediglich durch Umkehrung aller Richtungen der einzelnen Körper, die Positionen der Planeten sowohl 1000 Jahre voraus als auch 1000 Jahre zurückliegend zu berechnen. Fast alle physikalischen Gesetze sind in diesem Sinn reversibel, wobei die Frage, ob und wie weit es nicht reversible Naturgesetze gibt, noch umstritten ist. In der Wärmelehre kennen wir allerdings das Gesetz der Entropie, welche sich in positiver Zeitrichtung nur erhöhen kann. Dieser nicht reversible thermische Prozess lässt sich jedoch auf reversible Einzelprozesse zurückführen. Die Quantentheorie bringt statistische Gesichtspunkte ins Spiel, die jedoch ebenfalls in beiden Zeitrichtungen dieselben Wahrscheinlichkeiten ergeben.

Es ist im Rahmen dieser Abhandlung nicht angebracht, dazu im einzelnen Stellung zu nehmen. Von Belang sind lediglich die Zusammenhänge mit der Automatentheorie, den P-Netzen und insbesondere den Aufgaben des Ingenieurs. Ein reversibler Automat hat einen Zustandsgraphen in Form einer Kette oder eines Ringes (Bilder I-3, I-4). Ein reversibles P-Netz liegt dann vor, wenn es weder Verzweigungen noch Begegnungen enthält, d.h. wenn bei jeder möglichen Markierung sowohl die nachfolgende als auch die vorhergehende Markierung eindeutig festgelegt ist.

Aus dieser Überlegung heraus ist der Begriff des Rückwärts-Konfliktes entstanden. Bei der rückläufigen Verfolgung eines Prozesses werden im Vergleich zum Vorwärtslauf aus Verzweigungen Begegnungen und umgekehrt. Ebenso wechselt die Konfliktsituation. Wir können dies an dem im vorigen Abschnitt besprochenen Beispiel des Pfadfinders am leichtesten erkennen. Bei verzweigten Systemen von Pfaden und Wegen liegen die Konflikte beim nachträglichen rückwärtigen Verfolgen einer Wanderung an den Begegnungen (Bild IV-11). Werden dort sämtliche Pfeile in ihrer Richtung umgekehrt, so liegt ein Konflikt zwischen den Transitionen t3 und t4 vor, während eine Entscheidung zwischen t1 und t2 nicht erforderlich ist.

Aus diesem Grund spricht man in der Theorie der P-Netze vom "Rückwärts-Konflikt". Ein Netz gilt entsprechend dieser Auffassung nur dann als konfliktfrei, wenn weder Vorwärts- noch Rückwärts-Konflikte möglich sind. Für den Ingenieur ist diese Betrachtungsweise jedoch im allgemeinen belanglos. Fast alle technischen Systeme verhalten sich irreversibel. Es ist uninteressant, einen Produktionsprozess rückwärts laufen zu lassen. Die Tatsache, dass z.B. Fahrpläne auch rückwärts gelesen werden können, ist für den Ingenieur kaum von Bedeutung. Ähnliches gilt auch für die Datenverarbeitung. Informationsverarbeitungsprozesse sind ihrer Natur nach irreversibel.

Jedoch ist in der Praxis oft die Frage der nachträglichen Kontrolle bzw. der Rekonstruktion eines Ablaufs von Bedeutung. Die generelle Reversibilität einer Rechnung könnte diese Aufgabe zwar erleichtern. Der gesamte Rechenprozess wäre dadurch aber ausserordentlich erschwert. Für praktisch durchführbare Rekonstruktionen gelten daher besondere Gesichtspunkte. Nur in speziellen Fällen, wie z.B. bei der Reziprokwertbildung oder der Inversion einer Matrix, kann man mit Vorteil zur Nachprüfung der Ergebnisse dasselbe Rechenverfahren anwenden. Das bedeutet jedoch noch nicht, dass man eine Division rückwärts laufen lässt. Ausserdem sind Spezialfälle wie 1/0 nicht ohne weiteres auf diese Weise erfassbar.

So gesehen haben also die Überlegungen der Theoretiker der P-Netze für den Ingenieur kaum Bedeutung. Aus diesem Grund kann der Zusatz "Vorwärts" überhaupt fortgelassen werden.

### IV1.4) Konfusionen und Verflechtungen

Eine Konfusion liegt vor, wenn mehrere Konflikte miteinander verflochten sind. Bild IV-14 zeigt eine symmetrische Konfusion. Es sind alle drei Transitionen aktiviert. Sobald jedoch z.B. t1 schaltet, besteht nur noch ein Konflikt zwischen t2 und t3. Schaltet t2 zuerst, so besteht kein Konflikt mehr. Wir haben es mit zwei Verzweigungen und einer Sammlung (s. Bild II-5) zu tun, jedoch ist das Symbol der Alternative nicht ohne weiteres verwendbar. Wie Bild IV-15 zeigt, würden wir dafür zwei Zwischenplätze A' und B' benötigen. Dieses Netz hat aber ein anderes Verhalten.

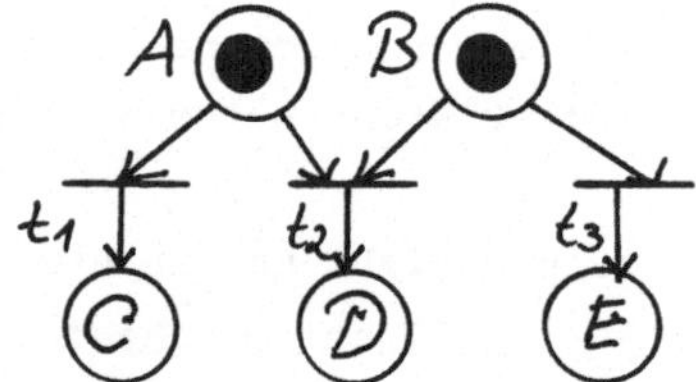


*Bild IV-14*
*Symmetrische Konfusion. Die Konflikte zwischen t1 und t2 einerseits und zwischen t2 und t3 andererseits sind miteinander verflochten.*

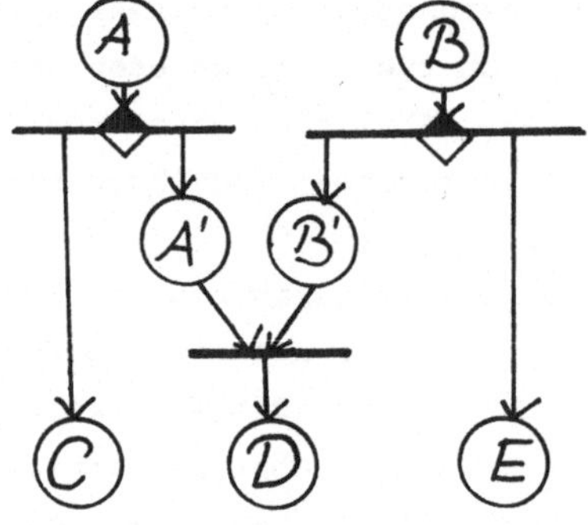


*Bild IV-15*
*Bei Einführung der Symbole der Alternative im Netz von Bild IV-14 benötigen wir zwei Zwischenplätze A', B'. Das Verhalten des Netzes wird dadurch jedoch geändert.*

Bild IV-16 zeigt eine asymmetrische Konfusion. Es besteht bei der gegebenen Markierung zunächst kein Konflikt. Da t2 noch nicht aktiviert ist, könnte nur t1 schalten. Sobald jedoch t3 geschaltet hat, liegt ein Konflikt zwischen t1 und t2 vor, sofern t1 nicht schon vorher geschaltet hat. Das Besondere an dieser Konfusion ist es also, dass eine Konfliktsituation erst durch das Schalten einer benachbarten Transition entsteht. Die asymmetrische Konfusion lässt sich leicht durch eine kritische Alternative darstellen. (Bild IV-17).

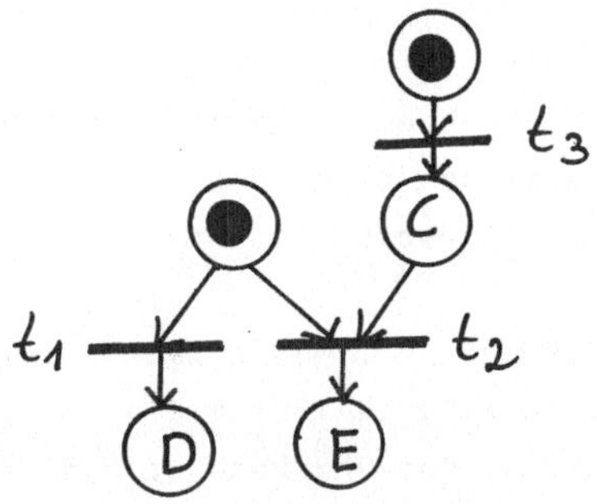


*Bild IV-16*
*Asymmetrische Konfusion. Erst durch das Schalten von t3 entsteht ein Konflikt zwischen t1 und t2.*

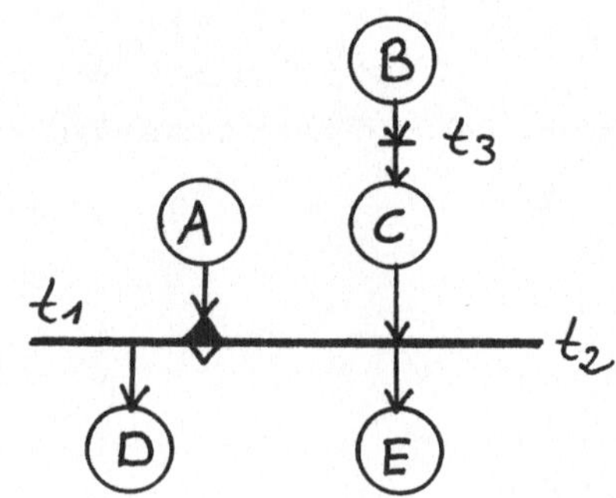


*Bild IV-17*
*Darstellung der asymmetrischen Konfusion mit Hilfe der kritischen Alternative.*

Bei Konfusionen und Verflechtungen ist es, ebenso wie bei einfachen Konflikten, wichtig, welcher Instanz bzw. welchen Instanzen eine Entscheidung zukommt. Je grösser die Zahl der beteiligten Transitionen und je stärker die Verflechtung ist, desto mehr Möglichkeiten bietet auch die Verteilung der Zuständigkeiten für das Schalten der Transitionen. Wir können aber auch jedem Netz, also auch jeder Konfusionssituation nur einen einzigen Spieler zuordnen, der die Auswahl zwischen den verschiedenen Möglichkeiten trifft.

IV1.5) Entflechtung durch Signalakzeptoren
Wie bereits in Abschnitt III-7, S. 68 erwähnt, sind grundsätzlich alle Konfliktsituationen und Konfusionen durch getaktete Systeme und Signalakzeptoren lösbar. In den Bildern II-22 und III-13 sind Netze, die durch eine Uhr mit den Phasen I und II getaktet sind, gezeigt. Innerhalb solcher Netze ist stets klar entscheidbar, ob zwei Plätze nacheinander oder gleichzeitig in ihrer Markierung geändert werden. Das Netz lässt sich dann so aufbauen, dass für jede denkbare Markierung die daraus folgenden Markierungen eindeutig festgelegt sind. Bei Alternativen können gegebenenfalls Prioritäten festgelegt

werden. Von aussen an das getaktete System gegebene Impulse, Meldungen usw. sind im allgemeinen nicht dem Takt der Uhr unterworfen und müssen über Signalakzeptoren eingeschleust werden.

Die Bilder IV-18 und IV-19 zeigen Lösungen für eine Begegnung entsprechend Bild IV-10. In Bild IV-18 hat die Uhr 2 Phasen I und II. Je nach der technischen Ausführung der Uhr kann es bei nicht klarer gegenseitiger Abgrenzung der Phasen zu kritischen Situationen kommen. Das lässt sich durch eine Uhr mit 4 Phasen I, II, III und IV vermeiden (Bild IV-19). Dabei sind die wirksamen Phasen I und III durch Zwischenphasen II und IV getrennt, so dass eventuelle Überschneidungen vermieden werden.

*Bild IV-18*
*Begegnung entsprechend Bild IV-10 mit einer Uhr mit den Phasen I und II.*

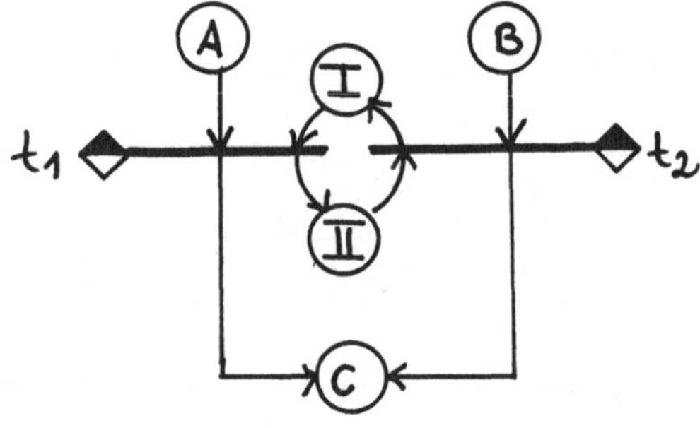


*Bild IV-19*
*Begegnung entsprechend Bild IV-10 mit einer Uhr mit den Phasen I, II, III und IV. Die Zwischenphasen II und IV ergeben mehr Sicherheit beim Schalten.*

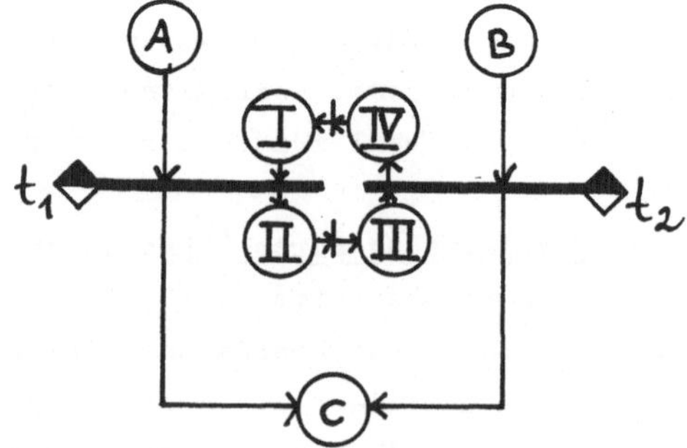

Bild IV-20 zeigt eine Lösung für die Konfusion entsprechend Bild IV-14. Wir haben eine Uhr mit den Phasen I, II, III und IV und den Uhr-Impulsen cl1 und cl3 (von clock), welche den Phasenübergängen I → II und III → IV der Uhr entsprechen. Die Belegung der Plätze A und B muss durch Signalakzeptoren ta und tb und über cl1 in das getaktete System eingeschleust werden. Durch cl3 erfolgt dann phasen-verschoben die Schaltung der Plätze C, D und E. Es wird dabei noch das Symbol der einseitigen Kopplung von Transitionen benutzt (siehe Abschnitt III4, S. 57). Der Signalakzeptor liegt dabei auf der abhängigen Seite (im Bild rechts) des Kopplungspfeils. Auf die sich daraus ergebenden technischen Probleme wird im Abschnitt IV3.2) eingegangen werden. Ist nur einer der Plätze A bzw. B belegt, so wird über die Transition t1 bzw. t3 Platz C bzw. Platz E belegt. Wenn beide Plätze A und B belegt sind, ist die mittlere Transition t2 aktiviert und Platz D wird belegt. Konflikte werden also durch die Struktur des Netzes vermieden. Bild IV-21 zeigt eine vereinfachte Darstellung. Von der Uhr sind nur die Impulse cl1 und cl3 an den durch sie gesteuerten Transition eingetragen. Es wird weiterhin vorausgesetzt, dass die Plätze C, D und E voll dem getakteten System angehören und somit nur taktgemäss weiter wirken können.

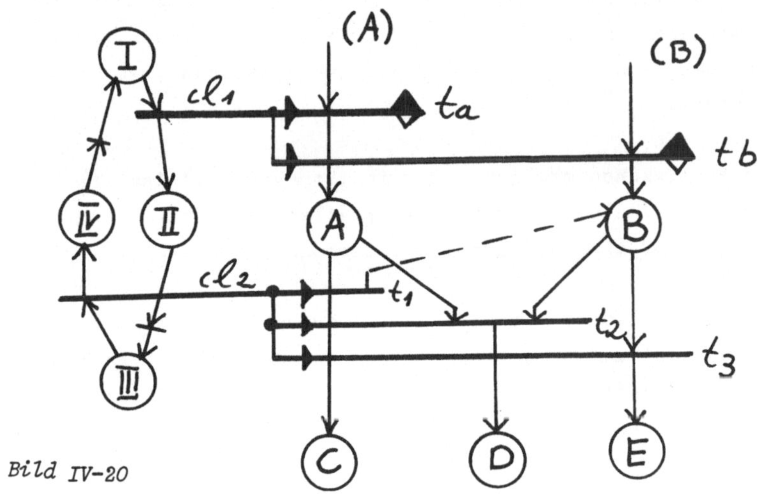


*Bild IV-20*

*Lösung der Konfusion entsprechend Bild IV-14 mit einer Uhr (clock) mit den Phasenübergängen cl1 und cl2 (Uhr = Impuls). Die mittlere Transition t2 ist bevorzugt gegenüber t1 und t2.*

*Bild IV-21*
*Konfusion entsprechend Bild IV-20. Es sind nur die Uhr-Impulse cl1 und cl3 eingetragen.*

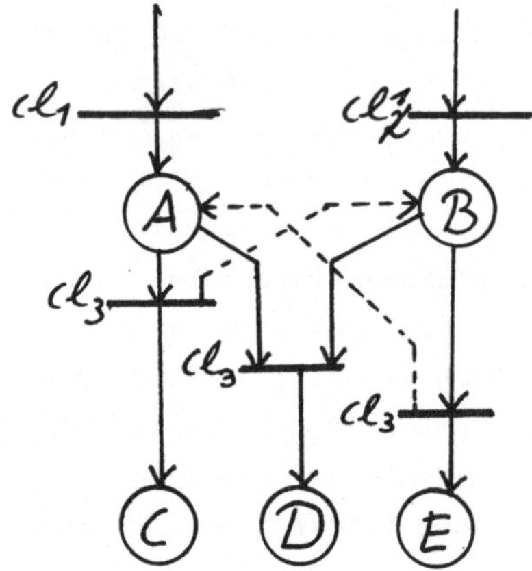

IV1.6) <u>Nebenbedingungen und disjunktive Schaltpfeile bei Konflikten</u>

Nebenbedingungen (gestrichelte Pfeile, siehe Abschnitt III2) haben bei Konflikten eine andere Wirkung als volle Pfeile. Sie dienen zwar der Aktivierung von Transitionen, was zu Konflikten führen kann. Sie werden jedoch durch das Schalten der Transitionen nicht gelöscht. Im allgemeinen sind Transitionen jedoch mit anderen Plätzen über volle Pfeile verbunden, so dass durch das Schalten der Transition neue Situationen entstehen, bei denen kein Konflikt mehr besteht.

Von den zahlreichen möglichen Kombinationen von vollen Pfeilen, gestrichelten Pfeilen und disjunktiven Schaltpfeilen bei Verzweigungen und Begegnungen sollen hier nur einige Beispiele besprochen werden.

Bild IV-22 zeigt eine Verzweigung mit Nebenbedingungen, bei der die beiden Transitionen t1 und t2 unabhängig voneinander, also gegebenenfalls auch gleichzeitig schalten können, solange Platz A belegt und die Plätze B bzw. C frei sind. Es besteht also kein Konflikt.

*Bild IV-22*
*Die Transition t1 und t2 können unabhängig voneinander schalten (kein Konflikt).*

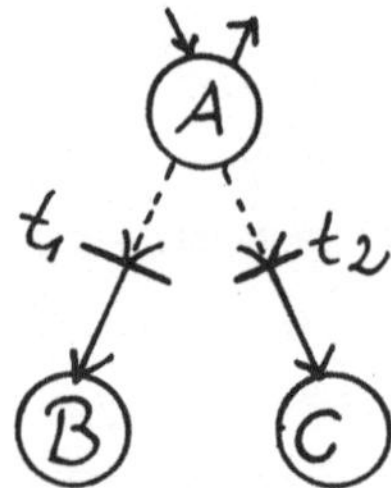

Bild IV-23 zeigt eine Begegnung mit Nebenbedingungen. Die beiden Transitionen t1 und t2 können zwar nicht unabhängig voneinander schalten; jedoch ist es nicht von Belang, welche von ihnen zuerst schaltet, da die Wirkung in jedem Falle dieselbe ist (Platz C wird belegt). Es liegt also ebenfalls kein Konflikt vor (sofern an die Transitionen t1 oder t2 nicht weitere Plätze angeschlossen sind). Der Platz A in Bild IV-22 und die Plätze A und B in Bild IV-23 werden durch das Schalten der Transitionen t1 und t2 nicht gelöscht. Sie müssen also anderweitig an ein grösseres Netz angeschlossen sein. Unter Umständen müssen die Transitionen t1 und t2 als Signalakzeptoren ausgeführt werden.

*Bild IV-23*
*Die Transitionen t1 und t2 können zwar nicht unabhängig voneinander schalten; jedoch bleibt die Wirkung auf jeden Fall dieselbe (kein Konflikt).*

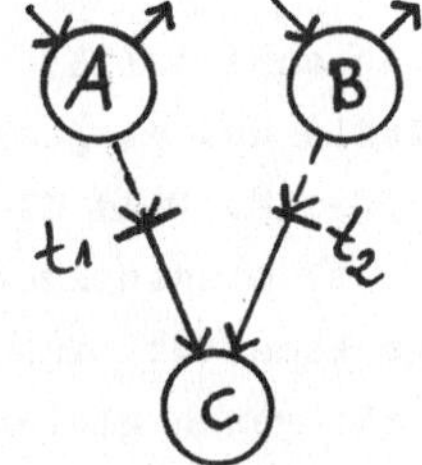


Einen besonderen Fall stellt das Netz entsprechend Bild III-26 (S. 66) dar. Wir haben es im Prinzip mit einer geschlossenen Alternative zu tun; jedoch kann es zu einer kritischen Situation kommen, wenn B gerade während der Belegung von A1 umgeschaltet wird.

Durch disjunktive Schaltpfeile können in vielen Fällen Konfliktsituationen geändert werden. Bild IV-24 zeigt eine scheinbare Verzweigung. t1 und t2 können jedoch nur durch die zusätzlichen Plätze D bzw. E (hier als Nebenbedingung) aktiviert werden. Im Unterschied zur normalen Verzweigung können sie aber auch gleichzeitig schalten. Sobald eine der Transitionen t1 oder t2 geschaltet hat, ist die Aktivierung der anderen aufgehoben. Daher müssen t1 und t2 als Signalakzeptoren gezeichnet werden.

Bei der scheinbaren Begegnung entsprechend Bild IV-25 können t1 und t2 unabhängig voneinander schalten (kein Konflikt).

*Bild IV-24*
*Scheinbare Verzweigung mit disjunktiven Schaltpfeilen. t1 und t2 können gleichzeitig schalten.*

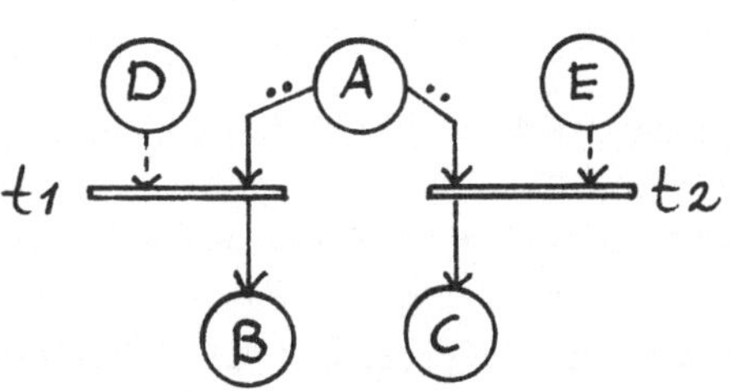

*Bild IV-25*
*Scheinbare Begegnung mit disjunktiven Schaltpfeilen. t1 und t2 können unabhängig voneinander schalten (kein Konflikt).*

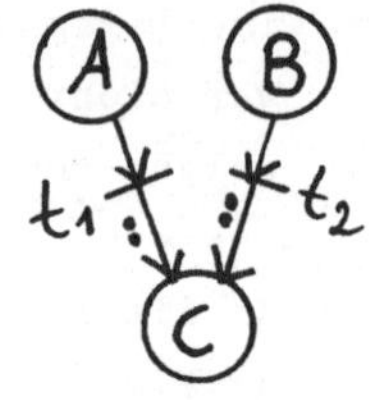


Wie bereits in Abschnitt III3, S. 57 erwähnt, haben parallel verlaufende gestrichelte Pfeile und disjunktive Schaltpfeile nicht immer dieselbe Wirkung wie volle Pfeile. Bild IV-26 zeigt eine Verzweigung. Wenn eine der Transitionen t1 oder t2 eindeutig früher schaltet, verhindert sie das Schalten der anderen. Das bedeutet einen Konflikt. Beide Transitionen können jedoch auch ohne Konflikt genau gleichzeitig schalten. Das wäre bei einer Verzweigung entsprechend Bild IV-1 nicht möglich.

*Bild IV-26*
*Verzweigung mit gestrichelten Pfeilen und disjunktiven Schaltpfeilen. Wenn eine der Transitionen t1 oder t2 eindeutig früher schaltet, verhindert sie durch Löschen von A das Schalten der anderen (Konflikt). Beide Transitionen können jedoch gleichzeitig schalten. (kein Konflikt).*

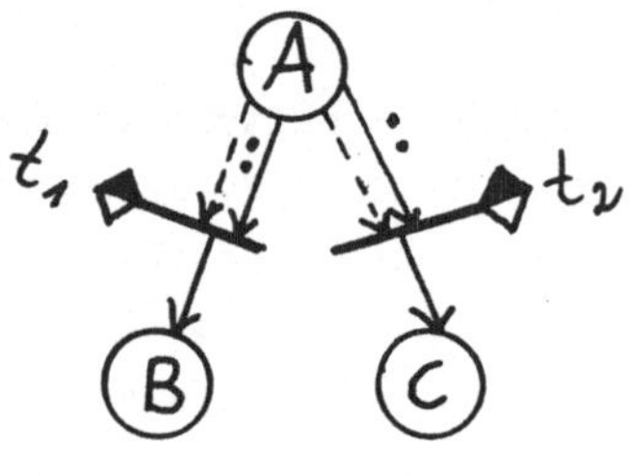


Ähnlich liegen die Verhältnisse bei einer Begegnung, entsprechend Bild IV-27. Auch hier kann dadurch, dass eine der Transitionen t1 oder t2 eindeutig früher schaltet, das Schalten der anderen durch Belegen von C verhindert werden. Beide Transitionen können jedoch gleichzeitig schalten. Das wäre bei einer Begegnung entsprechend Bild IV-6 nicht möglich.

*Bild IV-27*
*Begegnung mit gestrichelten und disjunktiven Schaltpfeilen. Wenn eine der Transitionen t1 oder t2 eindeutig früher schaltet, verhindert sie durch Belegen von C das Schalten der anderen (Konflikt). Beide Transitionen können jedoch gleichzeitig schalten (kein Konflikt).*

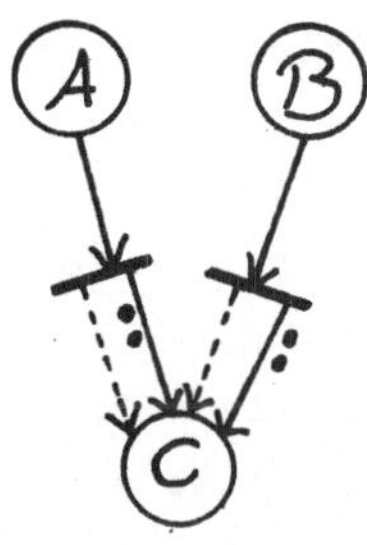


Allerdings kann durch disjunktive Schaltpfeile auch eine neue Art von Konflikt entstehen. In Bild IV-28 kann A durch t1 markiert und durch t2 gelöscht werden. Bei gleichzeitigem Schalten von t1 und t2 liegt ein Konflikt vor. Das kann durch eine kritische Alternative symbolisch dargestellt werden (Bild IV-29). Ein solcher Konflikt lässt sich vermeiden, wenn grundsätzlich entweder der Markierung oder der Löschung Vorrang gegeben wird. Schaltwerke sind meistens so gebaut, dass die Markierung den Vorrang hat. Z.B. werden bei einem Relaisrechenwerk im gleichen Schritt die Haltekreise einer Relaisgruppe kurzzeitig unterbrochen, was ihre Löschung bewirkt und die Ansprechkreise entsprechend der logischen Aufgabe an Spannung gelegt. Die Löschung hat dann bei dieser Teilmenge der Relais keine Wirkung.

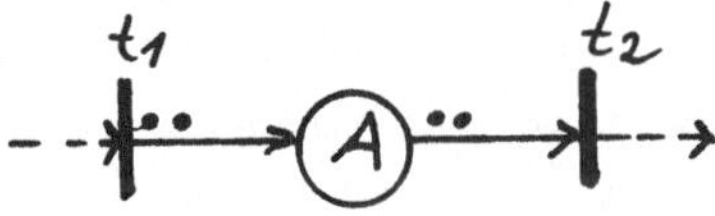


*Bild IV-28*
*Bei gleichzeitigem Schalten von t1 und t2 liegt ein Konflikt vor. (A wird gleichzeitig belegt und gelöscht).*

*Bild IV-29*
*Symbolische Darstellung der Konfliktsituation entsprechend Bild IV-28 mit Hilfe einer kritischen Alternative.*

Bei kritischer Betrachtung kann es jedoch auch bei dieser Festlegung zu Konflikten kommen, wenn man die Frage nach der Gleichzeitigkeit des Schaltens von t1 und t2 stellt. Wie viel später muss t2 schalten, damit es die gerade erfolgende bzw. erfolgte Schaltung über t1 wieder löscht? Bei technisch ausgeführten Geräten können solche Schwierigkeiten durch geeignete Massnahmen vermieden werden, wie z.B. die Taktung durch eine Uhr. Ebenso wie bei den Nebenbedingungen sollte auch bei den disjunktiven Schaltpfeilen empfohlen werden, sie sparsam nur an solchen Stellen zu verwenden, wo sie tatsächlich Vorteil bringen und ihre Wirkung klar zu überblicken ist.

IV1.7) Kritische Situationen

Es wurde bereits mehrfach das Wort "kritisch" benutzt. Im folgenden seien die damit zusammenhängenden Gesichtspunkte noch einmal zusammengestellt. Die statische Betrachtung zeigt, dass bei einer bestimmten Netzstruktur und einer passenden Markierung ein Konflikt "besteht". Es handelt sich also um ein Prädikat, das auf eine vorliegende Situation zutrifft. Allerdings ist der Begriff Konflikt durch die Möglichkeit eines Geschehens definiert: "Ein Konflikt liegt vor, wenn die Aktivierung einer Transition durch das Schalten einer anderen rückgängig gemacht werden kann".

In den Bildern IV-3, IV-5 und IV-10 sind konfliktfähige Verknüpfungen als offene und kritische Alternativen dargestellt.

Bei der offenen Alternative (Bild IV-3) ist stets eine Entscheidung erforderlich, wobei im allgemeinen vorausgesetzt wird, dass diese bei einem einzigen Spieler liegt. Er befindet sich nicht in einer kritischen Situation, da ihm genügend Zeit zur Verfügung steht und seine Entscheidung nicht durch andere Spieler durchkreuzt werden kann. Sobald jedoch jeder der beiden alternativen Transitionen ein eigener Spieler zugeordnet ist, kann es durch den bestehenden Wettbewerb zu einer kritischen Situation kommen, wenn beide Spieler etwa gleichzeitig schalten. Da die Netzstruktur keine Aussage über die Zuordnung der Spieler zwischen den Transitionen macht, bleibt die Frage, ob eine offene Alternative möglicherweise zu einer kritischen Situation führen kann, der Interpretation überlassen.

Bei einer kritischen Alternative (Bilder IV-5 und IV-10) können bei bestimmten Markierungen bzw. ihren Änderungen kritische Situationen eintreten. Oft kann man diese Möglichkeiten zwar stark beschränken, jedoch nicht völlig ausschliessen. Bei einer automatischen Fernsprechvermittlung wird es selten vorkommen, dass zwei Teilnehmer zugleich denselben Dritten anrufen. Die kritische Zeitspanne, innerhalb der dadurch ein Konflikt entsteht, kann zwar durch technische Mittel (z.B. elektronische Schaltelemente) sehr kurz gehalten werden, jedoch nicht völlig verschwinden.

Bei einer geschlossenen Alternative ist aufgrund der Netzstruktur nie ein Konflikt und somit auch keine kritische Situation möglich.

Bei einem Signalakzeptor besteht ebenfalls nur dann eine kritische Situation, wenn die Zeitdauer seiner Aktivierung so kurz ist, dass ein ordnungsgemässes Schalten in Frage gestellt ist.

In allen erwähnten Fällen haben wir es mit einer Zeitspanne zu tun, innerhalb der eine kritische Situation besteht. Dabei lässt sich keine generelle Definition z.B. für "etwa gleichzeitig" festlegen. Selbst wenn man hierfür bei einem bestimmten durch das Netz zu simulierenden System eine klare Definition etwa in Millisekunden finden könnte, so wäre die Konfliktsituation nur verschoben. Diese besteht jetzt darin, zu entscheiden, ob zwei Ereignisse noch innerhalb der als "etwa gleichzeitig" definierten Zeitspanne liegen oder nicht.

Auf diesen Punkt muss insbesondere bei in Hardware ausgeführten Entscheidungsmechanismen geachtet werden. Der Umstand, dass prinzipiell Unbestimmtheiten in technischen Systemen nie vollständig vermeidbar sind, gibt jedoch keinen Anlass zu ernsthaften Bedenken in bezug auf die Sicherheit technischer Systeme überhaupt. Entsprechende Mechanismen und Systeme lassen sich mit völlig ausreichender Sicherheit konstruieren. Es gibt milliardenfach bewährte Einrichtungen. Das Arbeiten mit P-Netzen kann allerdings dazu verhelfen, die Möglichkeit kritischer Situationen in einem System klar zu erkennen, damit dann die nötigen konstruktiven Massnahmen getroffen werden können.

## IV2) Interpretationen

### IV2.1) Das Parkproblem bei Kraftwagen

Nach den formalen Betrachtungen des vorhergehenden Abschnittes sollen nun einige praktische Beispiele für Konflikte und Unbestimmtheiten besprochen werden.

Wir beginnen mit der Verzweigung in Form einer offenen Alternative (Bild IV-3) Bild IV-30 zeigt einen Kraftfahrer F, der sich auf einem Vorplatz A befindet und in eine der freien Parknischen B oder C einfahren will. In diesem Fall entspricht das Modell der Interpretation unmittelbar dem Netz von Bild IV-3:

- die Plätze, die der Kraftwagen einnehmen kann, entsprechen den Plätzen des P-Netzes,
- die Transitionen des P-Netzes entsprechen den Übergangswegen des Kraftwagens,
- der Kraftwagen entspricht der Marke beim Markenspiel, und
- die Entscheidung der Alternative liegt bei einem einzigen Spieler, dem Kraftfahrer.

Im P-Netz ist keiner der freien Plätze B und C gegenüber dem anderen bevorzugt, woraus sich der Konflikt ergibt. In der Praxis wird der Autofahrer allerdings in einer solchen Situation den für ihn vorteilhafteren Platz aussuchen. Z.B. kann Platz B im Schatten liegen und somit zu bevorzugen sein. Es liegt dann aber kein Konflikt mehr vor, da für den Fahrer die Entscheidung eindeutig ist. Das entsprechende Netz zeigt Bild IV-31. t1 schaltet, wenn B frei ist, t2, wenn B besetzt ist (Nebenbedingung) und C frei ist. Es kann allerdings auch bei diesem an sich konfliktfreien Netz eine kritische Situation eintreten, wenn B gerade in dem Moment frei wird, in dem t2 schaltet.

*Bild IV-30*
*Konflikt für einen Kraftfahrer F, dem zwei freie Parkplätze zur Verfügung stehen.*

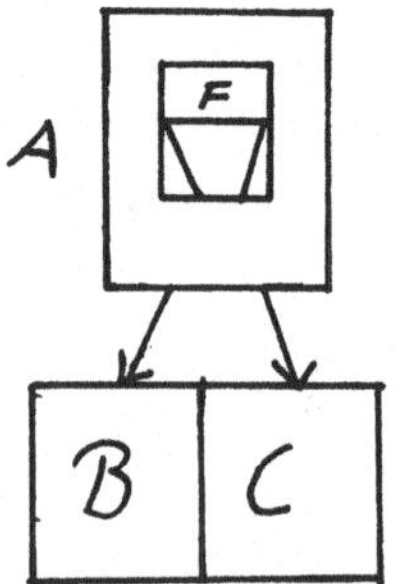


*Bild IV-31*
*P-Netz für die Situation von Bild IV-30, wenn der Platz B zu bevorzugen ist (z.B.) schattiger Parkplatz). t1 schaltet bevorzugt. t2 nur, wenn B belegt ist.*

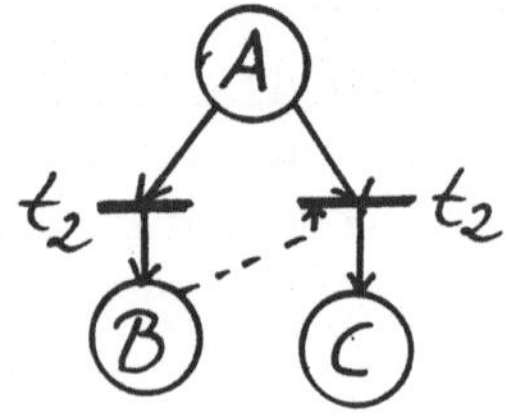

Dieselben Verhältnisse bestehen auch dann, wenn wir die Entscheidung nicht dem Fahrer, sondern einem Parkplatzwärter überlassen, der jetzt die Rolle des Spielers bei der Alternative übernimmt (Bild IV-32). Das zugehörige Netz entspricht auch dann Bild IV-3. Allerdings können für den Parkplatzwärter andere Gesichtspunkte bei der bevorzugten Auswahl eines der freien Plätze gelten, z.B. dass er gern die Plätze der Reihe nach belegen möchte.

*Bild IV-32*
*Die Auswahl des Parkplatzes wird durch einen Parkplatzwärter entschieden.*

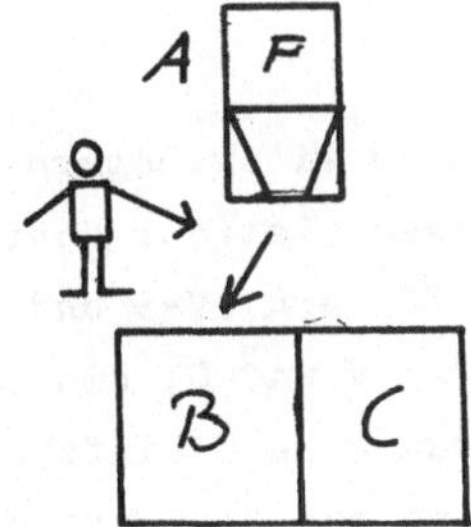


Zu den beiden Modellen von Bild IV-30 und IV-32, die für die Praxis sehr verschiedene Konsequenzen haben, gehört also dasselbe P-Netz mit verschiedener Interpretation. P-Netze geben keine Auskunft zur Spezifikation des Spielers einer Transition. Der in Bild IV-32 angedeutete Wärter gehört nicht zum Netz sondern zur Interpretation.

Wir wollen jetzt eine Verzweigung entsprechend Bild IV-1 betrachten, bei der den beiden Transitionen t1 und t2 verschiedene Spieler zugeordnet sind, die miteinander im Wettbewerb stehen. Das ist bei dem Elementarfall des Resourcen-Problems der Fall (Bild IV-33). Zwei Handwerkern B und C steht nur ein Werkzeug A gemeinsam zur Verfügung. In diesem Beispiel haben wir folgende Entsprechungen zwischen dem zu simulierenden Modell und dem P-Netz:

- die Plätze, bei denen sich das Werkzeug befinden kann, entsprechen den Plätzen des P-Netzes
- die Transitionen des P-Netzes entsprechen den Übernahmestellen des Werkzeugs,
- das Werkzeug entspricht der Marke beim Markenspiel,
- es liegt ein Konflikt vor, und die Entscheidung liegt bei den zwei Spielern der Transitionen, die miteinander im Wettbewerb stehen.

*Bild IV-33*
*Resourcen-Problem. Es besteht ein Konflikt, da das Werkzeug auf Platz A sowohl auf Platz B als auch auf Platz C benötigt wird.*

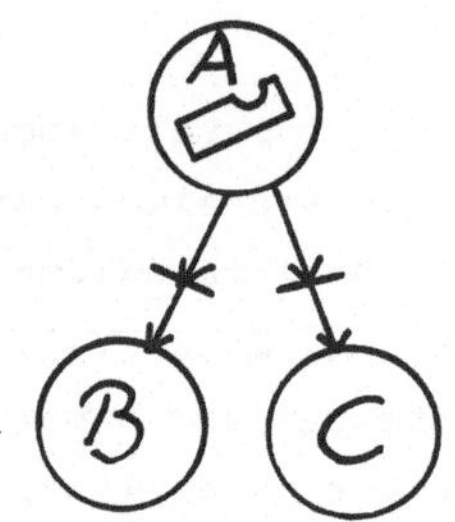


Wir kommen nun zu einer Begegnung (meet) entsprechend den Bildern IV-6 bis IV-10. Interessant ist der Konfliktfall bzw. die kritische Alternative entsprechend den Bildern IV-9 und IV-10. Wir betrachten zunächst den Fall, dass zwei Kraftfahrer F und G, die auf den Vorplätzen A und B stehen, in die einzige freie Parknische G einfahren wollen (Bild IV-34). Hier liegt ein Wettbewerb vor, wenn man die Entscheidung den beiden Fahrern überlässt. Bei Annahme eines Parkplatzwärters haben wir es jedoch mit einem einzigen Spieler zu tun, bei dem die Entscheidung liegt. Auch bei diesem Beispiel können wir Plätze, Kraftwagen, Übergänge und Marken des Modells und des P-Netzes direkt einander zuordnen.

*Bild IV-34*
*Zwei Autofahrer F und G wollen denselben Parkplatz C besetzen.*

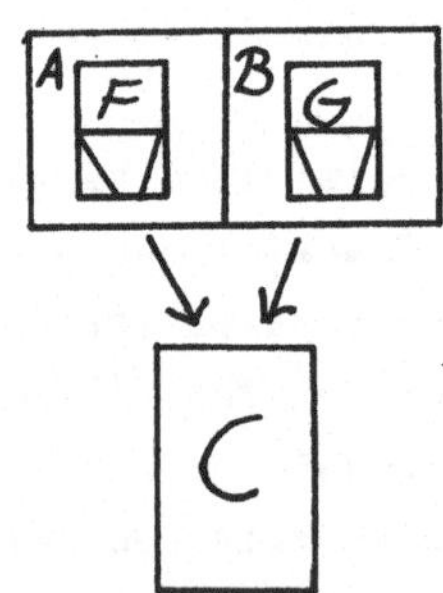


Allerdings macht das P-Netz keine Aussage darüber, mit welchem Kraftwagen ein Platz besetzt ist. Es ist in dieser Hinsicht neutral (ein Parkplatz ist besetzt oder nicht). Das mag für den Parkplatzwärter genügen, jedoch nicht für die Verkehrsteilnehmer, für die es sehr wesentlich ist, wer den freien Parkplatz bekommt. Im Fallgraphen von Bild IV-9 ist die Geschichte der Besetzung des Parkplatzes noch nach dem Schalten daran zu erkennen, ob Platz A oder B markiert ist. Es wurde schon in Abschnitt IV1.2) und den Bildern IV-12 und IV-13 gezeigt, dass bei weiteren Schaltschritten diese Differenzierung wieder verlorengeht, wenn man anstelle des freien Parkplatzes die Einmündung in eine einspurige Strasse wählt. In der sich schliesslich ergebenden Verkehrssituation fahren zwei Kraftwagen hintereinander. Das simulierende P-Netz gibt keine Auskunft darüber, welcher Wagen vorweg fährt.

Um die Interessen der Verkehrsteilnehmer zu berücksichtigen, müssen wir zu einem komplizierteren Netz übergehen. Es genügt nicht, zwischen den Zuständen "C ist frei" und "C ist besetzt" zu unterscheiden, sondern wir müssen bei zwei Verkehrsteilnehmern mindestens drei Zustände für C unterscheiden: "frei", "von F besetzt" und "von G besetzt". Bild IV-35 zeigt ein entsprechendes Netz mit den Plätzen Co, C1 und C2. Es hat keine Markenerhaltung, die nur für die Komponente C besteht. Die Plätze A und B können als binäre Rumpfkomponenten aufgefasst werden, bei denen die beiden möglichen Zustände "frei" und "besetzt" der Markierung entsprechen.

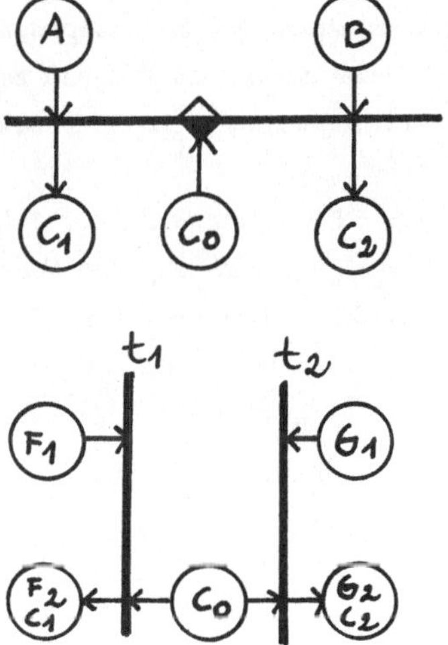


*Bild IV-35*
*Lösung für die Aufgabe von Bild IV-34;*
*Dem Parkplatz C sind drei Zustände zugeordnet*
*Cl frei*
*C1 durch Fahrer F belegt*
*C2 durch Fahrer G belegt*

*Bild IV-36*
*Netz entsprechend Bild IV-35, jedoch aufgefaßt als Überlagerung dreier Komponenten F, G, C, wobei F und G den Fahrern zugeordnet sind.*

In diesem System lassen sich die Plätze F2 und C1 bzw. G2 und C2 zu Doppelplätzen, die zwei Komponenten angehören, zusammenfassen (Bild IV-36). Die Struktur des Netzes ändert sich dadurch nicht, da nur Umbenennungen vorgenommen wurden. Das Netz hat drei Komponenten mit zwei gemeinsamen Plätzen. Die Redundanz des Netzes von Bild IV-36 lässt sich beseitigen, wenn wir lediglich mit den Komponenten F und G arbeiten (Bild IV-37). Es entspricht dem Gesichtspunkt der Kraftfahrer, für die es von Belang ist, ob sie einen Parkplatz bekommen oder nicht. Wir können aber auch ein Netz aufbauen, welches in bezug auf die Kraftfahrer neutral ist, und dem Gesichtspunkt des Parkplatzwärters gerecht wird.

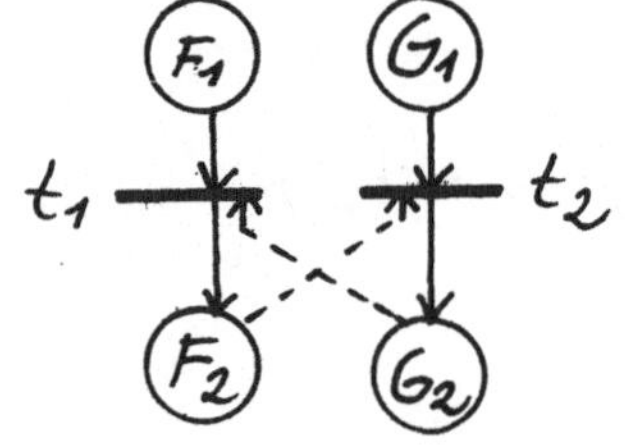


*Bild IV-37*
*Das Parkplatzproblem entsprechend Bild IV-34 dargestellt durch zwei den Fahrern zugeordnete Komponenten F und G*

| | |
|---|---|
| *F1 bzw. G1* | *Fahrer F bzw. G befindet sich auf dem Vorplatz* |
| *F2 bzw. G2* | *Fahrer F bzw. G befindet sich auf dem Parkplatz.* |

Bei den Beispielen wurde lediglich die Frage behandelt, welcher Parkplatz bzw. welcher Fahrer ausgewählt wird. Sind zwei Fahrer F und G Anwärter für einen Parkplatz, so interessiert auch noch die Frage, was mit dem Fahrzeug geschieht, das den Parkplatz nicht bekommen hat.

Hier bestehen grundsätzlich drei Möglichkeiten:

a) der Anspruch des zurückgesetzten Fahrers verfällt, z.B. indem er den Vorplatz verlässt und sich anderweitig umsieht,

b) der Anspruch des Fahrers bleibt bestehen, z.B. indem er stehen bleibt und wartet, bis der Parkplatz wieder frei wird. Dabei sind wieder zwei Varianten möglich:

b1) für den Fall, dass der zunächst frei gewordene konkurrierende Vorplatz wieder belegt wird, tritt der Fahrer erneut in Wettbewerb mit dem neuen Fahrer,

b2) der Fahrer bekommt ein Vorrecht gegenüber neu hinzukommenden anderen Fahrern.

Die zugehörigen Netze erlauben vielerlei Ausgestaltung, auf deren Darstellung hier jedoch verzichtet sei.

Bei solchen Problemstellungen ist es auch möglich, die Neutralität der Marken dadurch zu beseitigen, dass man ihnen weitere Information "anheftet" (tags). Damit geht man aber erheblich über den Rahmen normaler P-Netze hinaus (L 12).

IV2.2) <u>Weitere Beispiele</u>

Derartige Konflikte bei Verzweigungen und Begegnungen kommen in der Praxis sehr häufig in den verschiedensten Systemen vor. Es kann sich dabei um harmlose Situationen handeln, wie die Auswahl einer von zwei freien Badekabinen oder eines freien Tisches in einem Restaurant. Gefährlich können solche Konflikte im Strassenverkehr sein. Es gibt zwar die Verkehrsregel "rechts hat Vorfahrt", aber wann liegt der Fall vor, dass diese Regel beachtet werden muss? In diesem Falle heisst das: "bis zu welchem Abstand des von rechts kommenden Fahrzeuges muss die Vorfahrtsregel beachtet werden?" Es lässt sich meistens erst hinterher aus dem Verkehrsunfall erkennen, dass die Entscheidung falsch war. Solche Fragen werden bei einzelnen Völkern auch mit verschiedenem Temperament gelöst. Der Place de L'Étoile in Paris bietet einen laufenden Anschauungs-Unterricht über die Lösung von Konflikten und Konfusionen.

Konflikte bei Schaltungen sind den Ingenieuren schon mindestens solange bekannt, wie es eine Fernsprechvermittlung gibt. Wenn in einer Telefonanlage zwei Teilnehmer etwa gleichzeitig versuchen, denselben dritten Teilnehmer anzurufen, so ist der Konflikt gegeben. Die Teilnehmer erfahren jedoch nur das Ergebnis, da die Frage, wer die Verbindung bekommt, durch technische Mittel entschieden wird. Wichtig ist dabei nur, dass es nicht zu Deadlocks, Verklemmungen oder dergleichen kommen kann. Die Einrichtungen müssen so konstruiert sein, dass im Zweifelsfall keiner der beiden Anwärter verbunden wird und beide wieder das Freizeichen erhalten. Die Fernsprechverbindungen entsprechen übrigens dem auf Seite 97 unter a) angeführten Fall. Kommt keine Verbindung zustande, so verfällt der Anspruch, und es muss neu gewählt werden. Es handelt sich bei einer Nachrichtenverbindung eben nicht um ein Ressourcen-Problem. Ein Kraftfahrer, der einen Parkplatz sucht, kann zwar weiterfahren und seinen Anspruch aufgeben; aber er kann nicht spurlos verschwinden. Die Anwartschaft auf eine Fernsprechverbindung äussert sich jedoch lediglich in bestimmten Zuständen von Schaltelementen, die jederzeit wieder auf die Grundstellung gebracht (gelöscht) werden können.

## IV3) Wie löst man Konflikte?

### IV3.1) Menschliche Entscheidungen

In den vorangehenden Kapiteln wurden bereits verschiedentlich menschliche "Spieler" bei der Interpretation des Markenspiels und bei der Lösung von Konflikten vorausgesetzt. Zunächst stellt sich folgende Frage: Bedeutet Konflikt in der menschlichen Umgangssprache dasselbe wie Konflikt in einem P-Netz? Normalerweise verbinden wir mit diesem Begriff Auseinandersetzungen, Spannungen, innere Kämpfe usw. Man ist dabei bemüht, unter verschiedenen Möglichkeiten des Handelns die günstigste auszuwählen.

Im P-Netz erscheint der Konflikt meistens als Alternative zwischen zwei Möglichkeiten des weiteren Spielverlaufs, von denen - formal gesehen - keine gegenüber der anderen bevorzugt ist. So gesehen sind Zufallsentscheidungen möglichst mit gleich verteilter Wahrscheinlichkeit brauchbare Lösungen. Das gilt oft auch für menschliche Entscheidungen. Man wird dann aber eher von Ratlosigkeit bzw. Belanglosigkeit als von Konflikt sprechen.

Wir können grundsätzlich zwei Fälle unterscheiden:

- der Konflikt wird durch eine einzelne Person entschieden,
- der Konflikt wird durch mehrere, im allgemeinen zwei Personen entschieden, die miteinander im Wettbewerb stehen.

Der erste Fall ist im allgemeinen der einfachere; jedoch setzt er bei den betreffenden Personen mitunter ein erhebliches Maß an Entscheidungsfähigkeit voraus.

Wir haben zunächst die trivialen Fälle, denen wir täglich begegnen, und die uns kaum noch bewusst werden. Zum Glück laufen die meisten Konflikte im Strassenverkehr zwischen den Verkehrsteilnehmern routinemässig ab. Die Auswahl einer von mehreren freien Umkleidekabinen in einem Freibad wird kaum jemand als Konflikt empfinden. Trotzdem müssen wir im Sinne der P-Netze auch in solchen trivialen Situationen von Konflikten sprechen. Ein Konflikt im Sinne der P-Netze liegt z.B. dann vor, wenn von zwei Möglichkeiten einer Alternative keine gegenüber der anderen bevorzugt ist. Andernfalls liegen bereits Motive für eine einseitige Bewertung vor. Das klassische Beispiel ist der Esel, der genau zwischen zwei gleichgrossen Heuhaufen steht und verhungert, da er sich nicht für den linken oder den rechten Haufen entscheiden kann (Zeichnung 5). Ohne die Fähigkeit, gerade in trivialen Fällen sofort Entscheidungen zu treffen, könnte der Mensch nicht leben. Für den Fall, dass er genügend Zeit hat, überlässt er oft bewusst die Entscheidung einem Zufallsergebnis. Dazu gehört das Spiel mit einer Münze mit dem Ergebnis "Kopf" oder "Adler", oder allgemeiner das Würfeln (Zeichnung 6). Die Frage ist allerdings oft die, ob er sich an sein eigenes Orakel hält.

Sobald der Mensch über die Lösung eines Konfliktes nachdenkt, sucht er nach Gründen, um die verschiedenen Möglichkeiten gegeneinander "abzuwägen". Dabei sprechen unbewusste Vorgänge und in seinem Gedächtnis verwahrte Informationen eine erhebliche Rolle. Die gefühlsmässige anscheinend neutrale Entscheidung ist dann oft das Produkt einer unbewussten Informationsverarbeitung.

Das gilt sicher für die meisten Fälle, bei denen die Entscheidung bei einer einzelnen Person liegt. Der Parkplatzwärter, der Platzanweiser in einem Restaurant und andere in ähnlichen Berufen verfügen über ein reiches Erfahrungsmaterial, welches ihnen die Entscheidung erleichtert. Nur selten werden solche Personen in Verlegenheit kommen und auch dann, wenn z.B. Gleichzeitigkeit vorliegt, routinemässige Formulierungen bereit haben, wie der Verkäufer in einem Laden: "ich glaube, Sie waren wohl der Erste" usw. Schwieriger ist die Situation für eine junge Dame, die gleichzeitig von zwei Herren zum Tanz aufgefordert wird. Die Höflichkeit gebietet ihr, das Angebot des ersten anzunehmen (Zeichnung 7).

Liegt im Sinne der P-Netze die Entscheidung bei zwei oder mehr Spielern, so sind wieder je nach der Situation und den Konsequenzen der Entscheidung verschiedene Lösungsmethoden üblich. Meistens besteht der Wettbewerb zwischen den am Konflikt Beteiligten darin, dass der eine schneller handelt und somit zum Zuge kommt. Das gilt z.B. bei Parkplatzproblemen, oder bei der Vorfahrt zwischen Autofahrern besonders in einer südländischen Stadt. Die Kunst besteht darin, das Ziel ohne eine Karambolage zu erreichen (Zeichnung 8). Die menschliche Gesellschaft hat seit undenklichen Zeiten Verhaltensweisen entwickelt, die dazu beitragen sollen, Konflikte ohne ungezügelten Streit zu entscheiden. Nur wer sich diesen Formen nicht unterwirft, wird die Lösung des Streits in einem offenen Kampf suchen (Zeichnung 9). Die Höflichkeit gebietet es sogar, dem anderen den Vortritt zu lassen (Zeichnung 10).

Der Paternoster-Fahrstuhl bietet ein gutes Beispiel für das Einreihen in ein getaktetes System, wobei der Mensch die Funktion des Signalakzeptors ausübt (Zeichnung 14).

Auch das Herausgreifen von ungeordneten Gegenständen z.B. Schrauben aus einem Behälter erfordert laufend Entscheidungen, die beim Menschen meist unbewusst ablaufen. Der Vorgang wird als Vereinzelung bezeichnet. Das gilt auch für eine drängelnde Menschenmenge beim Passieren einer engen Tür.

Ist ein Streit unvermeidbar, so hat man strenge Regeln z.B. in einem Duell (Zeichnung 11), entwickelt. Die Naturvölker, die wir gern noch als "Wilde" bezeichnen, verfügen meistens über ein ausserordentlich strenges Ritual für die Lösung von Konflikten. In einer menschlichen Gemeinschaft ist eben nur durch strenge Zucht ein wildes Durcheinander von Wettbewerb, Einzelkämpfen und Rücksichtslosigkeit zu vermeiden.

Auch zwei Menschen können sich einigen, die Entscheidung einem Zufallsergebnis, etwa durch Würfeln, zu überlassen. Dafür sind mitunter auch eingespielte Regeln üblich, wie das Knobeln (Zeichnung 12). Zivilisierte Menschen werden bemüht sein, einen Konflikt durch eine Diskussion zu lösen. Aber das ist dann kein Konflikt im Sinne der P-Netze mehr; denn es werden weitere "Motive" für das Ergebnis herangezogen, wodurch das Entscheidungssystem erheblich über die durch ein Netz beschreibbaren Zusammenhänge hinausgeht (Zeichnung 13).

Oft glaubt man, Konflikte dadurch lösen zu können, dass man etwa sagt: "im Falle der Gleichzeitigkeit ist der Ältere bevorzugt". Selbst wenn die Frage, wer der Ältere ist, klar entscheidbar ist, bewirkt eine solche Regelung doch nur eine Vorverlegung der Konfliktsituation. Die Unklarheit liegt jetzt bei folgender Frage: "Wann liegt der Fall vor, dass eine der beteiligten Personen eindeutig früher da war, und wann Gleichzeitigkeit?" Nur bei technisch klar getakteten Systemen ist das konfliktfrei entscheidbar.

IV3.2) Technische Entscheidungsmechanismen

Der moderne Mensch unterliegt täglich einer Reihe von Entscheidungen, die durch technische Mittel bewirkt werden. Typisch dafür sind Fernsprechanlagen. Der Fall, dass zwei Teilnehmer gleichzeitig bemüht sind, denselben dritten Teilnehmer anzurufen, wurde bereits in Abschnitt IV2 erwähnt. Aber auch in anderer Weise sind bei der Herstellung einer Fernsprechverbindung eine Reihe von "Entscheidungsmechanismen" eingeschaltet, wie z.B. die Auswahl eines freien Vorwählers, einer Möglichkeit zwischen verschiedenen Übertragungswegen usw. Sie laufen intern ab, ohne dass der Benutzer davon etwas merkt.

Besonders leicht verständlich ist der Signalakzeptor. Bild IV-38 zeigt das P-Netz für einen Elementarfall. Die Transition t1 schaltet bei der Komponente C den Übergang vom Zustand C1 auf den Zustand C2. Zu ihr gehören zwei Nebenbedingungen A und B, die unabhängig belegt und wieder frei werden können. Der Übergang kann nur stattfinden, wenn die Transition genügend lange aktiviert ist, um die Umstellung der Komponente C zu bewirken.

*Bild IV-38*
*P-Netz eines Signalakzeptors.*

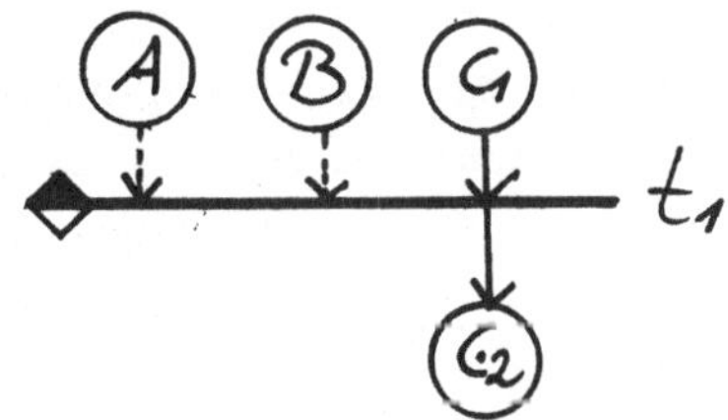


In Bild IV-39 zeigt eine elektromechanische Lösung. Der Komponente C entspricht das Relais C. Die beiden Nebenbedingungen sind durch Relaiskontakte a und b vertreten. U ist ein Pol, der dauernd an Spannung liegt. Das Relais C hat einen Einschaltkreis über die in Serie geschalteten Kontakte a und b, und einen Haltekreis über den eigenen Kontakt c1. C hat einen weiteren Kontakt c2, über den es in anderen Schaltkreisen wirksam ist. Das Wesentliche dabei ist, dass zwischen den Kontakten c1 und c2 eine mechanische Verbindung derart besteht, dass c1 vor c2 schliessen muss. Bild IV-40 gibt die Lösung mit Hilfe eines "Folge-Arbeits-Arbeits-Kontaktes" an. Das Relais C besteht aus einer Wicklung W, einem Joch J mit einer Schneide S, die einen Anker K trägt. Das Relais ist mit zwei Arbeitskontakten c1 und c2 mit den Kontaktfedern F1 bis F4 bestückt. Durch den Anker K wird zunächst über den Stift St1 die Feder F1 gegen die Feder F2 gedrückt, wodurch der Kontakt c1 geschlossen wird. Erst beim weiteren Durchziehen des Ankers wird über die Feder F2 und den Stift St2 die Feder F3 gegen die Feder F4 gedrückt, wodurch auch der Kontakt c2 geschlossen ist. Man kann diese etwas komplizierte Konstruktion vermeiden, indem man zwei nebeneinander montierte Kontakte so justiert, dass c1 vor c2 schliessen muss. Im Normalfall wird der Relaisanker über Kontakte a und b voll durchgezogen. Reicht bei vorzeitiger Unterbrechung dieser Verbindung der Einschaltimpuls jedoch nicht aus, so liegt die Entscheidung beim Kontakt c1. Ist er noch nicht geschlossen, so fällt der Anker wieder ab und C bleibt in der Ruheposition. Wurde c1 jedoch geschlossen, so legt dieser Kontakt jetzt die Wicklung W weiterhin an Spannung und zieht das Relais voll durch. Dabei wird dann der Kontakt c2 geschlossen. Der Konflikt wird dabei durch das instabile Element des Ankers K und den Kontakt c1 entschieden. Beim Schliessen von c2 liegt bereits eine klare Entscheidung vor.

Die in den Bildern IV-39 und IV-40 gezeigte Lösung arbeitet ohne Taktung. Das ist z.B. bei Fahrstuhlsteuerungen angebracht. Beim Einschleusen eines Kommandos in einen Relaiscomputer können wir eine Lösung entsprechend Bild IV-41 wählen. Wir haben eine Uhr (nicht gezeichnet) mit den Phasen I, II, III. Das Relais C hat getrennte Ansprech- und Haltewicklungen (entsprechend den für Schaltungen geltenden Normen sind die beiden Wicklungen durch einfache schräge Striche angedeutet). Beim Schliessen der Taste T wird die Ansprechwicklung während der Phase I an Spannung gelegt. Das setzt voraus, dass der menschliche Operator die Taste mindestens für die Zeitdauer eines vollen Uhr-Zyklus drückt, was selbst bei verhältnismässig langsam arbeitenden Relaisschaltungen gut zu erreichen ist. Der Kontakt c1 arbeitet während der Phasen I, II und zieht das Relais voll durch, falls er durch die Taste T nur einen kurzen Impuls erhalten hat. Für diesen Entscheidungsvorgang steht die Phase II voll zur Verfügung. Der Haltekreis läuft während der Phasen II, III über den Kontakt c2 und sorgt dafür, dass das Relais auch noch während der Phase III angezogen bleibt, wenn der Ansprechkreis bereits abgeschaltet ist. Erst in der Phase III ist das Relais im arbeitsfähigen Zustand, d.h. es nimmt eindeutig einen der beiden möglichen Zustände "abgefallen" oder "angezogen" ein. Die weiteren Schaltungen laufen über den Kontakt c3.

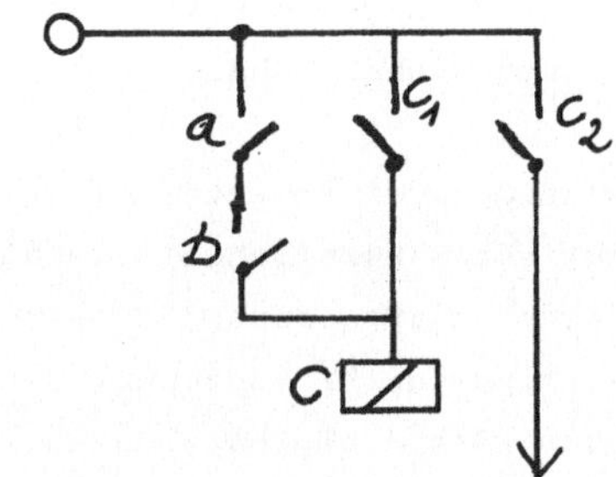


*Bild IV-39*
*Schaltung für einen elektromechanischen Signalakzeptor entsprechend Bild IV-30.*

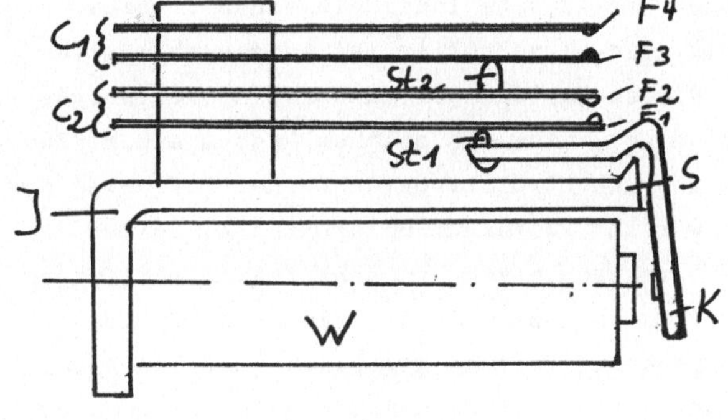


*Bild IV-40*
*Relais mit Folge-Arbeits-Arbeits-Kontakt*
*Kontakt c1 muß vor dem Kontakt c2 schließen.*

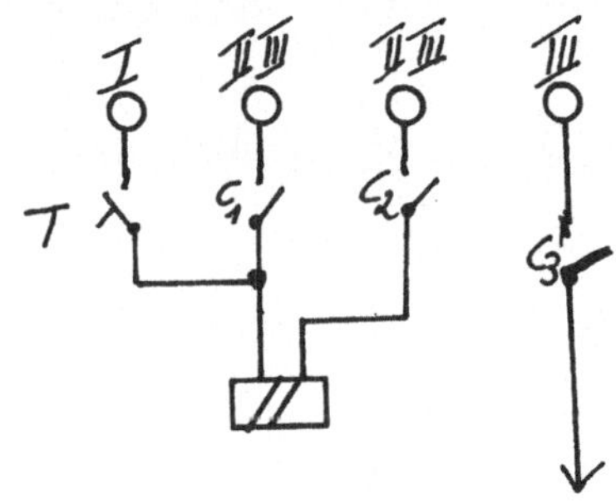


*Bild IV-41*
*Signalakzeptor in einem getakteten Schaltwerk.*

Bild IV-41 zeigt nur die zum Einschalten von C nötigen Schaltkreise. Sie müssen durch weitere Kreise ergänzt werden, die ein mehrmaliges Wirken einer einmal gedrückten Taste verhindern. Mit Hilfe der elektronischen Technik können entsprechende Schaltkreise aufgebaut werden.

Die Entscheidung einer Alternative mit technischen Mitteln erfolgt bei gleich verteilter Wahrscheinlichkeit im allgemeinen durch bistabile Bauelemente. Sie sind so konstruiert, dass sie zwischen zwei Grenzlagen keine stabile Mittelstellung erlauben. Ein anschauliches Beispiel ist der Würfel, der nicht auf einer Kante stehen bleibt. Den Elementarfall für ein solches mechanisches instabiles Gleichgewicht bietet ein auf einer Schneide stehender Stab (Bild IV-42). Theoretisch ist zwar eine Gleichgewichtslage denkbar, bei der der Stab genau senkrecht steht. Da selbst die feinste Schneide eine gewisse Reibung hat, müsste innerhalb eines Grenzgebietes dieses Gleichgewicht sogar stabil sein. Konstruktiv ist es jedoch möglich, diese Grenze so eng zu halten, dass dieser Zustand nur äusserst schwer hergestellt werden kann. Ausserdem kommt hinzu, dass ein solches System einem "Rauschen" unterworfen ist. Der Stab ist unkontrollierbaren feinen Luftbewegungen ausgesetzt. Aber selbst wenn wir ihn im Vakuum unterbringen, so ist doch die Schneide selbst an die Umwelt angeschlossen und sehr feinen Bewegungen unterworfen. Die durchschnittliche Amplitude des Rauschens sollte allerdings in der Grössenordnung des durch die Reibung gegebenen stabilen Bereichs liegen. Zu grosse Streuungen durch Rauschen können den Entscheidungsvorgang sogar verzögern. Bei einer messerscharfen Schneide ist dieser Bereich unmerkbar klein.

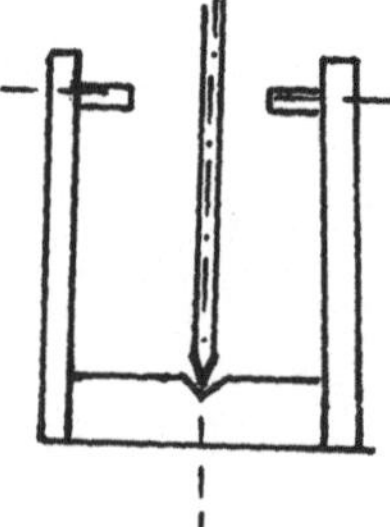

*Bild IV-42*
*Labil gelagerter Stab.*

Elektronische instabile Systeme sind gegenüber der mechanischen noch wesentlich empfindlicher. Ein typisches Beispiel ist das Flip-Flop, bei dem zwei Röhren sich gegenseitig sperren, wobei nur zwei Grenzzustände möglich sind. Bei ihnen ist eine der beiden Röhren voll durchgeschaltet, während die andere gesperrt ist. Ein solches Flip-Flop kann auch als Signalakzeptor dienen. Es wird durch einen Spannungsimpuls von einer bestimmten Mindestlänge umgeschaltet. Reicht die Länge des Impulses nicht aus, so kippt das Flip-Flop in seine vorherige Lage zurück, andernfalls schaltet es voll in die andere Lage. Bei der kritischen Länge kippt es entweder in die eine oder die andere Lage.

Wir wollen noch eine technische Lösung für eine kritische Alternative geben (Bild IV-43). Wir haben zwei binäre Komponenten A und B mit den Plätzen Ao, A1, Bo und B1. Durch die Taste Ta soll der Übergang von Ao→A1 und durch die Taste Tb der Übergang Bo→B1 bewirkt werden. Es darf jedoch nur eine der beiden Komponenten schalten. Die beiden entsprechenden Transitionen ta und tb gehören zu einer kritischen Alternative; denn nicht immer sind beide Transitionen zugleich aktiviert. ta ist durch eine negative Nebenbedingung mit B1 und tb entsprechend mit A1 verbunden. Es wird angenommen, dass beide Komponenten sich zunächst im Null-Zustand befinden (Plätze Ao und Bo markiert). Schalten beide Tasten etwa gleichzeitig, so muss eine Entscheidung getroffen werden. Bei dem in Bild IV-44 gezeigten Netz wird die Aufgabe entsprechend Bild IV-19 mit Hilfe zweier Signalakzeptoren und einer Uhr gelöst. Die Frequenz der Uhr muss dabei wesentlich höher liegen als die Frequenz, mit der die Tasten betätigt werden. Treten anstelle der durch den Menschen betätigten Tasten andere Signale, so dürfen diese nicht zufällig mit dem Takt der Uhr gekoppelt sein, da dann die gleiche Verteilung der Chancen gestört wäre.

*Bild IV-43*
*Kritische Alternative zwischen den Komponenten A und B.*

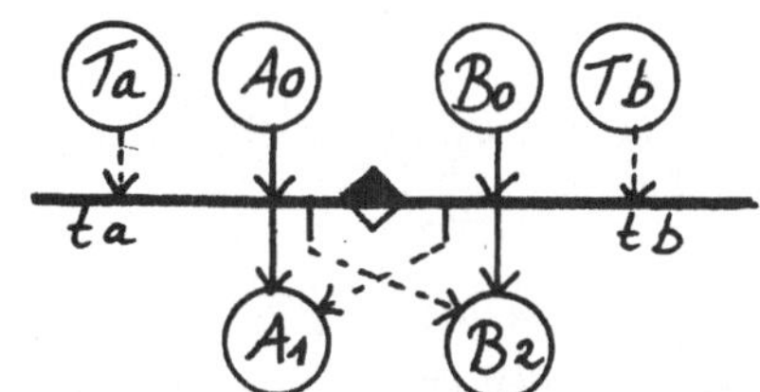

*Bild IV-44*
*Lösung der Aufgabe von Bild IV-43 mit Hilfe zweier Signalakzeptoren und einer Uhr (Vergl. Bild IV-19).*

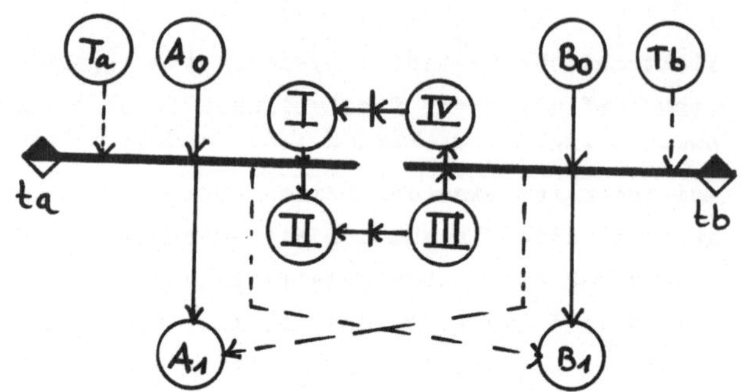


Bild IV-45 zeigt eine konstruktive Lösung. Die Tasten Ta, Tb wirken über Lampen La, Lb, Lichtstrahlen la, lb und Photozellen Fa, Fb auf Flip-Flops A, B ein. Der Gang der Lichtstrahlen la, lb wird durch eine rotierende Scheibe S mit einer einseitigen Öffnung Of periodisch unterbrochen, welche der Uhr in Bild IV-44 entspricht. Die Flip-Flops dienen, als instabile Elemente, zugleich als Signalakzeptoren.

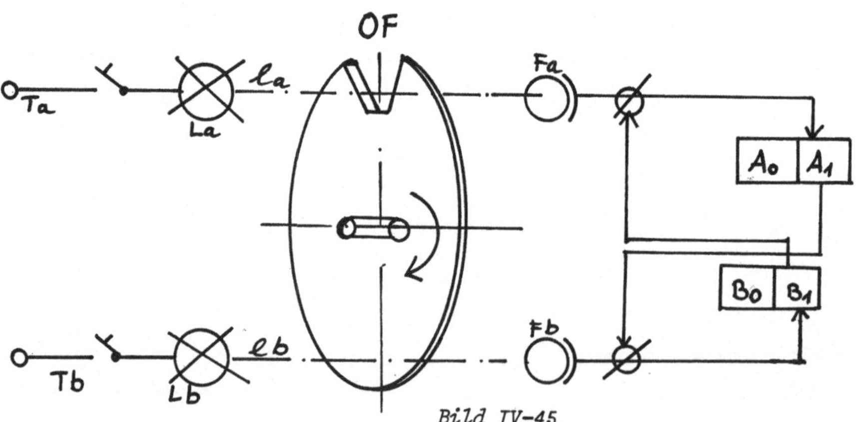


*Bild IV-45*
*Konstruktive Lösung für das Netz von Bild IV-44. Die rotierende Scheibe S dient als Uhr und gibt über Lichtwege abwechselnd das Schalten von A bzw. B frei.*

Bild IV-46 bietet eine schlechte konstruktive Lösung für eine Alternative. Zwei Magnete schalten unabhängig die Kolben A bzw. B, die sich gegenseitig sperren. Werden jedoch beide Kolben gleichzeitig betätigt, so kann es zu Verklemmungen kommen. Bild IV-47 zeigt eine technische Lösung für das Einreihen. Eine Sperrklinke K betätigt durch einen Magneten M greift in ein Sperrad S ein. Dabei ist es möglich, dass die Spitze der Klinke zufällig auf die Spitze eines Zahns des Rades trifft. Dadurch ist einmal eine klare Entscheidung in Frage gestellt und zum anderen können bei schnellem Lauf Beschädigungen eintreten. Die Geschwindigkeit der Scheibe muss also zunächst abgebremst werden. Durch passend aufgebrachte Vibrationen kann dann bewirkt werden, dass die Klinke stets sauber zwischen zwei Zähnen einfällt. Entsprechende Konstruktionen haben die Glücksräder. Ähnliche Einreihungsprobleme liegen auch bei den Ganggetrieben für Kraftfahrzeuge vor. Es bedurfte einer Jahrzehnte langen Entwicklung bis die heutigen eleganten Lösungen genügende Sicherheit aufwiesen und marktreif waren. Für die Übergänge zwischen den Phasen einer Uhr liegen genügend bewährte Konstruktionen vor, so dass wir darauf nicht näher einzugehen brauchen.

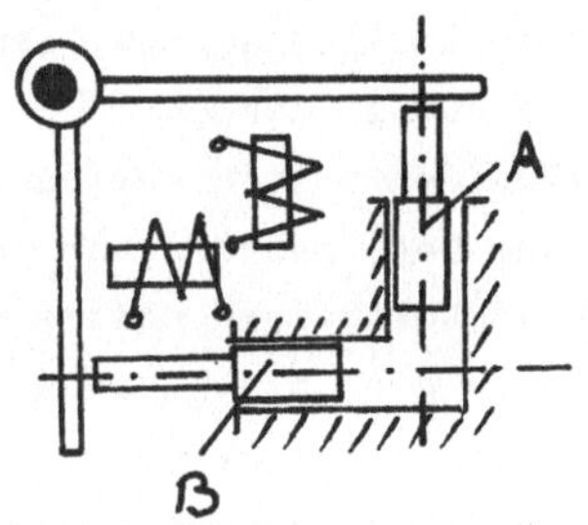


*Bild IV-46*
*Schlechte technische Lösung für eine Konfliktsituation. Bei gleichzeitigem Schalten der Kolben A und B ergibt sich eine Verklemmung.*

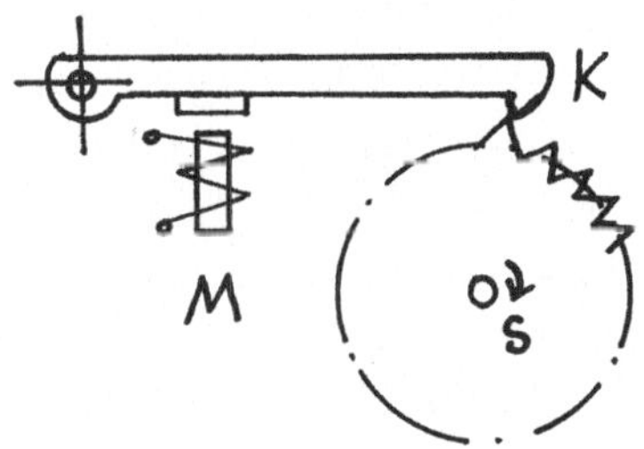


*Bild IV-47*
*Sperrad mit Sperrklinke. Es besteht die Möglichkeit, daß die Spitze der Klinke zufällig auf die Spitze eines Zahnes trifft.*

Ähnlich dem Einreihen liegt das Problem der Analog-Digital-Wandlung. Ein Beispiel ist die Bestimmung der Position eines in einer geradlinigen Führung verschiebbaren Schlittens, die jeden beliebigen Wert annehmen kann, also analog gegeben ist. Für die Steuerung muss dieser Wert jedoch digital ausgedrückt werden. D.h., dass der gesamte Bereich der möglichen Bewegung in Abschnitte eingeteilt werden muss. Das kann je nach Aufgabenstellung mit beliebiger Feinheit erfolgen, z.B. bei Werkzeugmaschinen auf Bruchteile von Millimetern. Andererseits gibt es auch sehr grobe Systeme, wie die Einteilung einer Eisenbahnstrecke in Blöcke.

Man unterscheidet dabei Soll-Position und Ist-Position. Die Einstellung der Soll-Position kann beispielsweise durch einen Schrittmotor erfolgen, der eine vorgegebene Anzahl von Umdrehungen ausführt. Die Ist-Position wird gemessen und nach Möglichkeit digital angezeigt, wozu die Messtrecke in Abschnitte eingeteilt wird, Kritisch ist dabei das Verhalten des Systems im Bereich des Übergangs zwischen zwei benachbarten Abschnitten. Das ist relativ einfach, wenn der Übergang stets nur in einer Richtung mit einer Mindestgeschwindigkeit erfolgt. Schwieriger wird es, wenn Vor- und Rückwärtsbewegungen registriert werden sollen und insbesondere wenn im Bereich der Grenze Stillstand bzw. eine Pendelbewegung möglich ist. Es ist dabei auf folgendes zu achten:

- Von den beiden aneinander grenzenden Abschnitten sollte möglichst in jeder Lage genau einer angezeigt werden.
- Das Umschalten sollte durch instabile Bauelemente so rasch wie möglich erfolgen, also unabhängig von der Geschwindigkeit, mit der sich der auslösende Körper bewegt.
- Bei rückwärtigen Bewegungen sollte die Umschaltung räumlich oder zeitlich mit einer Trägheit versehen sein.

Die Bilder IV-48 bis IV-50 zeigen ein Ausführungsbeispiel. Bild IV-48 gibt die konstruktiven Verhältnisse wieder. Ein Schlitten S bewegt sich in Richtung der x-Achse. Bei Punkt x3 wechselt die Position des Schlittens vom Abschnitt a zum Abschnitt b. Die Umschaltung erfolgt jedoch nicht genau bei x3 sondern im Falle der Rechtsbewegung bei x2 und im Falle der Linksbewegung bei x1. Dort befinden sich Lichtschranken LS1 und LS2, welche durch eine am Schlitten angebrachte Blende B unterbrochen werden. Bild IV-49 gibt die Bereiche an, in denen die Spannungspole L1 und L2 durch die Lichtschranken an Spannung gelegt werden. Sie sind normalerweise eingeschaltet und werden nur kurz unterbrochen. Pa und Pb entsprechen den angezeigten Positionen des Schlittens und überschneiden sich im Bereich zwischen x1 und x2, wobei jedoch, abhängig von der vorhergehenden Position, jeweils nur eine der beiden

Positionen angezeigt wird. Bild IV-50 zeigt das zugehörige P-Netz. Zwei Signalakzeptoren t1 und t2 reagieren auf die Unterbrechung von L1 bzw. L2 (negative Nebenbedingung) und schalten die Position um.

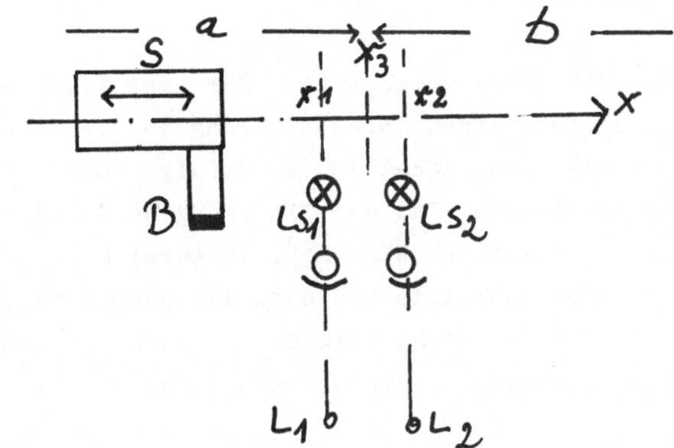


*Bild IV-48*
*Ein in x-Richtung beweglicher Schlitten S unterbricht durch die Blende B die Lichtschranken LS1 und LS2.*

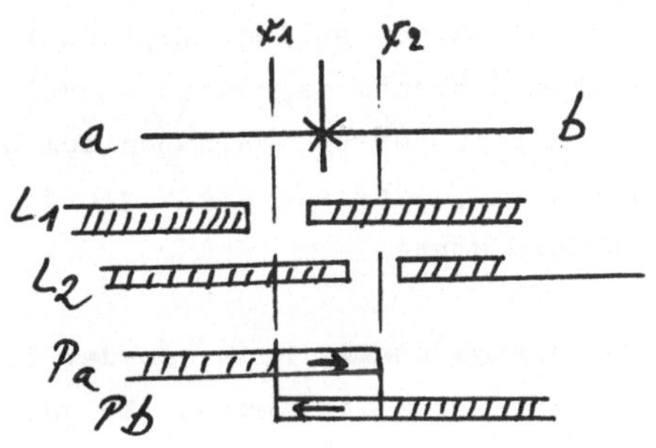


*Bild IV-49*
*Bereiche, in denen die durch die Lichtschranken LS1 und LS2 gesteuerten Spannungspole L1 und L1 an Spannung liegen und der angezeigten Abschnitte (Positionen) Pa und Pb. Die Umschaltung erfolgt mit räumlicher Trägheit.*

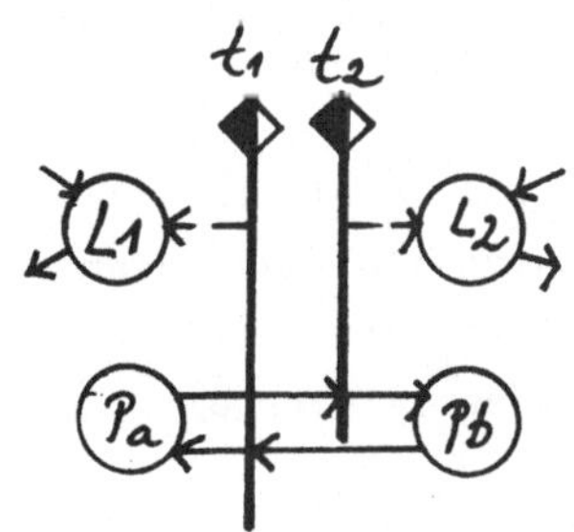


*Bild IV-50*
*P-Netz für die Positionsanzeige entsprechend Bild IV-48 und IV-49. Die Signalakzeptoren t1 und t2 schalten, gesteuert durch die Lichtschranken, die angezeigten Positionen Pa bzw. Pb.*

Das System hat eine räumliche Trägheit; denn erst bei x2 erfolgt die Umstellung vom linken Abschnitt auf den rechten und bei der Rückbewegung muss der bewergte Körper erst wieder bis x1 zurücklaufen, um die Umstellung vom rechten Abschnitt auf den linken zu bewirken. Pendeln mit geringer Amplitude ist also wirkungslos.

Ähnliche Massnahmen müssen für eine Temperaturregelung bei einer Raumheizung getroffen werden. Die Steuerung des Ofens kann man wie folgt einrichten: Ist der Ofen ausgeschaltet, so erfolgt das Einschalten bei einer Temperatur unterhalb $20^{o}$. Ist der Ofen eingeschaltet, so erfolgt das Ausschalten bei einer Temperatur über $21^{o}$. Im Bereich zwischen $20^{o}$ und $21^{o}$ ist also sowohl der eingeschaltete als auch der ausgeschaltete Zustand möglich. Ferner kann man eine zeitliche Trägheit einbauen, indem man grundsätzlich zwischen zwei Umschaltungen mindestens eine Minute Zeit vergehen lässt.

Die Aufgabe des Vereinzelns muss mit technischen Mitteln automatisch gelöst werden, wenn unregelmässig gelagerte Werkstücke in einen Produktionsprozess eingereiht werden sollen. Typisch ist das "Bunkern" von Schrauben. Bei automatischen Schraubsetzgeräten werden die völlig unregelmässig in einem Behälter angelieferten Schrauben durch Rüttelvorgänge und passende Führungen so behandelt, dass sie stets geordnet und in einer richtigen Lage verarbeitet werden können.

Diese Methode stammt noch aus der Zeit, als automatische Verfahren noch nicht sehr verbreitet waren. Es wäre leicht möglich, die in automatischen Drehbänken hergestellten Schrauben zu "magazinieren". D.h. sie geordnet in Magazine zu geben, vergleichbar etwa dem Munitionsgurt eines Maschinengewehrs. Der Aufwand für das Transportieren und Lagern solcher Magazine wäre allerdings etwas höher als beim Bunkern. Mit der Zeit werden sich solche Verfahren aber wohl doch durchsetzen, da sie ein einfaches und sauberes Arbeiten ermöglichen.

Das Ideal ist dabei die voll-getaktete Fabrik, bei der alle Phasen des Betriebes durch eine gemeinsame Uhr gesteuert werden, und in der alle verwendeten Teile in diskreten Positionen magaziniert und verarbeitet werden. In einem solchen Betrieb sind Konflikte technischer Art grundsätzlich vermeidbar.

IV3.3) Allgemeine Gesichtspunkte

In diesem Abschnitt seien noch einige allgemeine Gesichtspunkte in bezug auf Unbestimmtheiten und Konflikte in P-Netzen zusammengestellt.

Wir haben in Abschnitt IV3.1 menschliche Entscheidungen und in Abschnitt IV3.2 technische Entscheidungsmechanismen besprochen. Häufig treten jedoch gemischte Formen auf, z.B. beim Würfeln oder beim Roulette. Der Mensch setzt ein technisches Hilfsmittel in Gang, welches daraufhin eine praktisch nicht vorausberechenbare Position einnimmt. Dabei kommt noch hinzu, dass der Mensch abwartet, bis das technische Mittel in einer der stabilen Lagen zur Ruhe gekommen ist. Das ist wichtig, weil in kritischen Situationen die Dauer des Entscheidungsvorgangs also des Kippens aus einer instabilen in eine stabile Lage nur mit einer bestimmten Wahrscheinlichkeit vorausgesagt werden kann. Auch bei rein technischen Steuerungen gibt es Sicherungen, die die Einleitung des nächstens Programmschrittes davon abhängig machen, dass der vorhergehende ordnungsgemäss abgeschlossen ist. So darf eine Fahrstuhltür sich erst öffnen, wenn der Fahrstuhlkorb die richtige Position erreicht hat.

Eine genaue Analyse von Entscheidungsvorgängen zeigt, dass man bei einer Transition die Phase der Aktivierung und die der Schaltung wohl unterscheiden muss. So kann man bei dem Beispiel des als Relais ausgeführten Signalakzeptors nach den Bildern IV-39 bis IV-41 das Schliessen des Kontaktes c1 zur Aktivierungsphase rechnen und die Wirkung der Kontakte c2 (Bild IV-39) bzw. c3 (Bild IV-41) zur Schaltphase. Es gibt dabei einen point of no return. Ist dieser erreicht, so ist das Schalten nicht mehr rückgängig zu machen.

Bei einem Wettbewerb zwischen zwei Personen kann es bei symmetrischer Anfangssituation und gleichem Verhalten trotz grosser Höflichkeit zu Kollisionen kommen. Wenn jeder zunächst dem anderen den Vortritt lässt, so kommt der Punkt, an dem beide merken, dass der andere zunächst nicht reagiert. Daraufhin glauben dann beide, handeln zu dürfen. Beim Autofahren besteht sogar eine dauernde Rückkopplung zwischen den Verkehrsteilnehmern. Tatsächlich sind die Verhältnisse bei den Wettbewerbern (z.B. in bezug auf Vorfahrt) nie ganz symmetrisch, wodurch nach einigem Hin und Her der eine gegenüber dem anderen eine günstigere Lage erhält. Selbst wenn zwei Kraftfahrer symmetrisch vor einer Parklücke stehen, so kann doch der Umstand der Linkssteuerung bereits genügen, um die nötige Asymetrie zu gewähren .

Grundsätzlich sollten Entscheidungen möglichst mit logischen Schaltelementen gelöst werden. Wenn bei einer Fertigungssteuerung mehrere Vorrichtungen z.B. Handhabungsgeräte, Zugriffsmöglichkeiten zu einem Bereitstellungsplatz für ein Werkstück haben, so wird man einen Wettbewerb nicht durch die Geräte selbst austragen lassen, sondern vorher logisch entscheiden, welches Gerät den Vorzug hat. Das ist z.B. im Eisenbahnsignalwesen selbstverständlich. Man lässt zwei Züge nicht um den Zugang zu einer gemeinsamen Strecke miteinander kämpfen. Im Strassenverkehr ist das aber oft anders.

Beim Vereinzelungsprozess sind die Hardwareteile selbst (z.B. Schrauben) direkt in den Wettbewerb einbezogen. Durch das Rütteln stossen sie sich gegenseitig in die richtige Lage und Anordnung. Die grundsätzliche Möglichkeit, mit getakteten Systemen Konflikte zu vermeiden, hat ihre technischen Grenzen. Im Prinzip könnte man zwar ein umfassendes System über den ganzen Erdball spannen. Die Nachteile sind dabei aber wesentlich grösser als die Vorteile. Ausserdem kann man den Menschen nicht in ein solches System einbeziehen, zumindest für seine Signale werden Signalakzeptoren gebraucht.

Schliesslich gehört hierher auch noch die Frage, wie weit es einen echten Zufall gibt. Wir sind geneigt, die Ergebnisse des Würfelns des Roulettes und ähnlicher Mechanismen als zufällig anzusehen. Tatsächlich gehorchen diese Vorgänge jedoch den physikalischen Gesetzen. Nehmen wir an, dass das Würfeln streng kausal abläuft, sobald der Würfel den Würfelbecher verlassen hat, so liesse sich im Prinzip durch geschicktes Schütteln das Ergebnis beeinflussen. Tatsächlich genügen jedoch sehr kleine Differenzen in der Anfangslage, um die Ergebnisse breit zu steuern. Bei Verwendung eines Würfelbechers und mehrmaligem Schütteln ist es eben selbst dem geschicktesten Menschen nicht möglich, das Ergebnis zu beeinflussen, selbst wenn dies im Prinzip möglich wäre.

In der Informatik hat man den Begriff der Pseudozufallszahlen gebildet. Sie werden an sich nach einem streng kausal ablaufenden Programm erzeugt, dessen Gesetzmässigkeit jedoch nach aussen hin nicht zu erkennen ist, so dass sie dem Benutzer als echte Zufallszahlen erscheinen. Dabei ist es eine philosophische Frage, ob es überhaupt "echte" Zufallszahlen gibt. Dies würde zur Diskussion der Quantentheorie führen, was über den Rahmen dieser Arbeit weit hinausgeht. Für den Ingenieur genügt es, dass es befriedigende Verfahren zur Erzeugung von Zufallszahlen gibt, deren er sich gegebenenfalls bedienen kann.

Zusammenfassung von Kapitel IV

Konflikte, Alternativen und Unbestimmtheiten in P-Netzen werden vom Standpunkt des Ingenieurs aus untersucht. Dabei spielt die Frage der Zuständigkeit für die Entscheidung (ein Spieler, mehrere Spieler usw.) eine Rolle. Besonderes Interesse für den Ingenieur hat die Lösung von kritischen Situationen, wie z.B. bei Signalakzeptoren. Es werden verschiedene Entscheidungsverfahren und technische Entscheidungsvorrichtungen besprochen. Innerhalb einer getakteten Welt lassen sich kritische Situationen vermeiden und für Alternativen stets klare Auswahlkriterien angeben.

Für den Ingenieur gibt es nur den "Vorwärtskonflikt". "Rückwärtskonflikte" haben nur Sinn bei rein theoretischen Betrachtungen über reversible Prozesse und spielen bei technischen Systemen keine Rolle.

## V Schaltalgebra, formale Logik und P-Netze

### V1) Statische konstruktive Lösungen

Der Beginn der Computerentwicklung brachte auch die Verbindung zur mathematischen Logik. Es konnte der Aussagenkalkül den Schaltungen mit mechanischen Schaltgliedern, denen mit elektro-mechanischen Relais und schliesslich denen mit elektronischen Bauelementen gegenübergestellt werden. Heute haben wir eine gut ausgebildete Schaltalgebra, und es ist selbstverständlich, mit Schaltelementen und Elementarschaltungen zu arbeiten, welche den logischen Verknüpfungen des Aussagenkalküls entsprechen.

Zunächst handelt es sich um statische Schaltungen. Wir haben entsprechend Bild I-1 eine Schaltung S mit einer Eingabe IN (Input) und einer Ausgabe OUT (Output). Die Eingabe besteht aus einem oder mehreren konstruktiven Gliedern, welche je zwei Zustände einnehmen können und die aussagenlogischen Variablen repräsentieren. Das gilt auch für die Ausgabe. Die Schaltung bewirkt, dass die Ausgabeglieder als Funktion der Eingabeglieder diejenigen Zustände einnehmen, welche den durch die Schaltung gegebenen logischen Verknüpfungen entsprechen. Dabei wird bei einer statischen Schaltung die Zeit ausser Betracht gelassen. Es wird lediglich verlangt, dass nach einer der angewandten Technik entsprechenden möglichst kurzen Zeit die Ausgabeglieder die verlangten Zustände einnehmen.

Bild V-1 zeigt eine mechanische Lösung für die Disjunktion $A \vee B =: C$. Die aussagenlogischen Variablen A, B und C werden durch Schieber repräsentiert, die je zwei Grenzstellungen o und 1 einnehmen können. Für die Lösung der Aufgabe muss allerdings vorausgesetzt werden, dass vor der Operation alle Schieber in die Null-Stellung gebracht werden. Will man das vermeiden, so kann man eine Feder F vorsehen, welche den Schieber C in die Null-Stellung bringt, falls sich keiner der Schieber A oder B in der Eins-Stellung befindet. Das hat weiterhin zur Folge, dass die Schieber A und B gegebenenfalls zwangsläufig in ihrer Position gehalten werden müssen (federnde Hebel mit Rollen Ra und Rb, Bild V-2).

Bild V-3 veranschaulicht die entsprechende Schaltung mit Bauelementen der Elektrotechnik. Die Variablen A, B und C werden dabei durch Pole repräsentiert, die zwei Spannungsniveaus uo und u1 annehmen können. Solange weder A noch B an die Spannung u1 gelegt werden, behält C die Spannung uo. Es genügt jedoch, dass einer der beiden Pole A oder B an die Spannung u1 gelegt wird, um auch C an u1 zu legen. Die beiden Dioden Da und Db erscheinen zur Lösung der logischen Aufgabe zunächst überflüssig. Sie sind jedoch erforderlich, um eine Rückwirkung von A auf B und umgekehrt zu vermeiden.

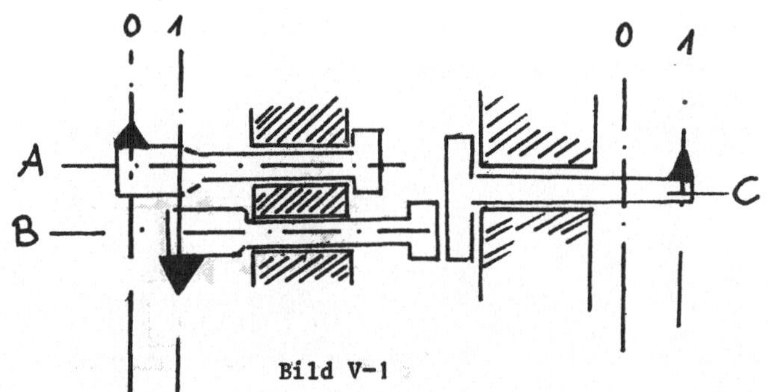


Bild V-1

Mechanische Lösung für die Disjunktion.

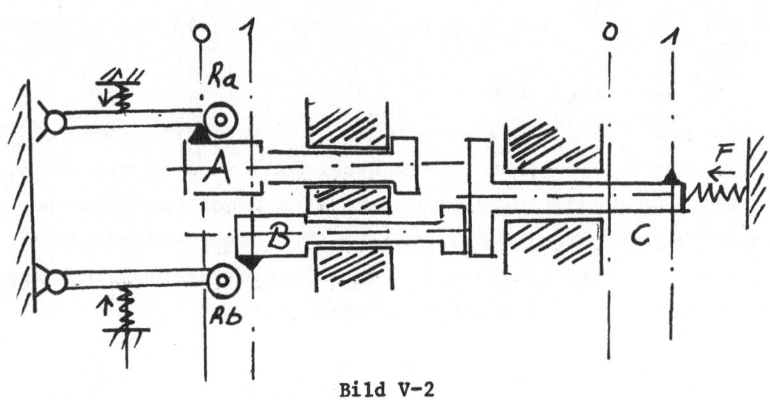


Bild V-2

Mechanische Lösung für die Disjunktion mit Rückstellfeder.

Bild V-3
Lösung der Disjunktion mit Dioden.

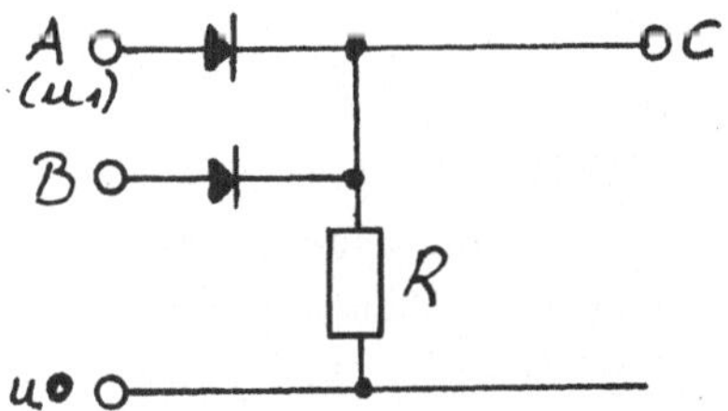

Bild V-4 zeigt eine Variante dieser Schaltung, bei der A und B durch Schalter Ta und Tb repräsentiert werden und C durch eine Lampe Lc. Auf diese Weise lässt sich auch ein geschlossener galvanischer Stromkreis aufbauen. Man kann solche Elementarschaltungen kombinieren und kommt dann zur Diodenlogik . Sie wird insbesondere bei elektronischen Geräten angewandt.

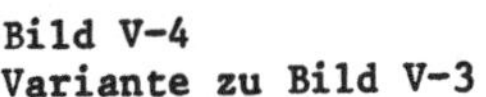
Bild V-4
Variante zu Bild V-3

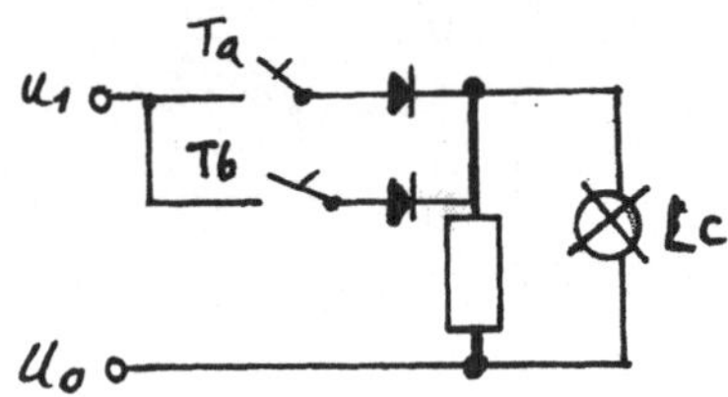


Die Lösung der Konjunktion ist mit mechanischen Mitteln nicht ganz so einfach. An sich könnte man sie durch die Disjunktion nach folgender Formel ausdrücken:

$$A \wedge B \Leftrightarrow (\neg A \vee \neg B)$$

Man braucht dann nur in Bild V-1 die Bewertungen o und 1 zu vertauschen, um die entsprechende Lösung der Konjunktion zu erhalten. Das hat aber Nachteile, wenn diese Schaltung als Komponente in zusammengesetzten Schaltungen dienen soll. Verhältnismässig einfach ist es, eine dem Bild V-4 entsprechende Schaltung für die Konjunktion zu finden (Bild V-5). Anstelle der Parallelschaltung der Schalter Ta und Tb tritt die Hintereinander- oder Serienschaltung.

**Bild V-5**
**Lösung der Konjunktion durch hintereinandergeschaltete Kontakte.**

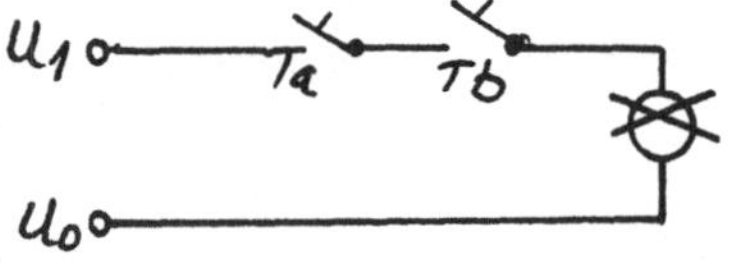


Eine dem Bild V-5 entsprechende mechanische Lösung kann aus hintereinander geschalteten Kupplungen bestehen (Bild V-6). Die beiden Werte A und B werden wieder durch Schieber repräsentiert, welche ihrerseits Kupplungselemente in Form von kleinen Schiebern a und b aufweisen. Zunächst müssen die Schieber A und B auf die der Eingabe entsprechende Position gebracht werden. Dann wird in einem nächsten Schritt der Schieber U nach rechts bewegt. Seine Bewegung überträgt sich nur dann auf den Schieber C, wenn sich sowohl A als auch B in der Position 1 befinden.

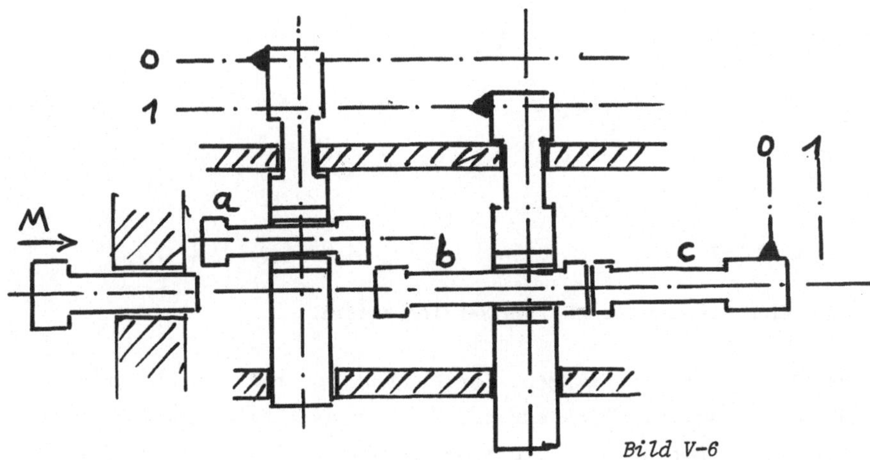


*Bild V-6*

*Mechanische Lösung entsprechend Bild V-5*

Mit entsprechenden mechanischen Bauelementen hat der Verfasser 1936 ganze arithmetische Rechenwerke aufgebaut. Als Schieber dienten dabei Bleche. Die Kupplungselemente (a, b) bestanden aus kleinen Metallstiften, welche sich in Aussparungen der Bleche bewegten. Diese Konstruktion war den späteren elektrischen und elektronischen Lösungen aber unterlegen. Es war eine Seitenlinie in der Computerentwicklung, die zu keinem Erfolg geführt hat. Nur für das Speicherproblem konnte eine brauchbare Lösung gefunden werden, welche dem Stand der Technik von 1937 entsprach.

Z.T. haben aber auch noch heute mechanische Lösungen für die Konjunktion Bedeutung. Bild V-7 zeigt als Beispiel die Auswahl von Randlochkarten. Die Karten sind an den Rändern entsprechend einem Kode mit Einschnitten versehen. Werden zwei Nadeln A und B in ein Kartenpaket eingeschoben, so fallen nur diejenigen Karten durch, welche sowohl durch die Nadel A als auch durch die Nadel B wegen ihrer Einschnitte frei gegeben werden (in Bild V-7 Karte 1).

Rein mechanische Lösungen für logische Ansätze finden wir auch bei Stellwerken von Eisenbahnen. Vor Einführung der Elektrotechnik im Signalwesen wurden sämtliche Sicherungsprobleme durch mechanische Verriegelungen und ähnliche Vorrichtungen gelöst. Die Lösung der Konjunktion besteht dann im Sperren eines Bauelementes durch mehrere parallel-wirkende Riegel. Diese müssen ausnahmslos freigegeben sein, damit sich das Element aus seiner Grundstellung heraus bewegen kann (vergl. Randlochkarte).

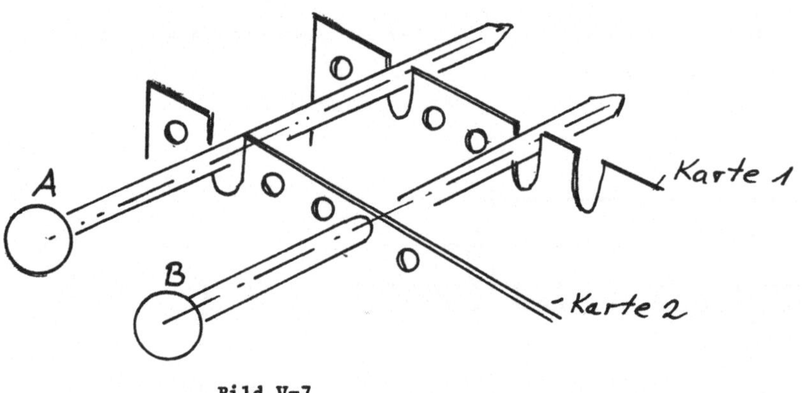


Bild V-7

**Lösung der Konjunktion bei der Auswahl von Randlochkarten.**

Eine oft benutzte Lösung für die Aufgabe der Konjunktion besteht in der Verwendung von Lichtschranken. Ein Lichtstrahl, der von der Lampe L zur Photodiode Ph führt, wird durch Schieber A unterbrochen oder freigegeben (Bild V-8).

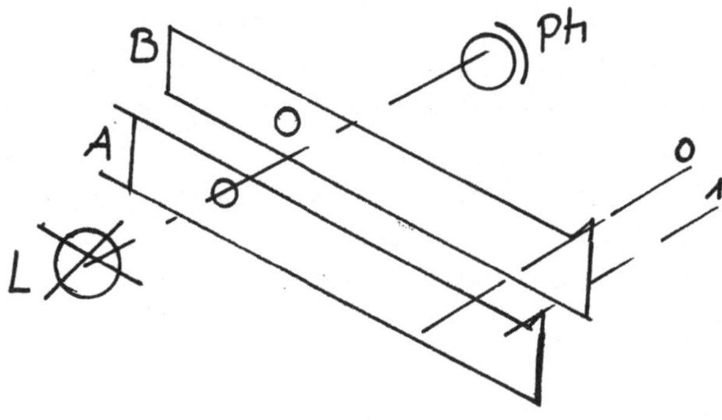


Bild V-8

**Lösung der Konjunktion mit Lichtschranken.**

Die Lösung der dritten aussagenlogischen Grundoperation, der Negation, erfordert in manchen Technologien besondere Massnahmen. Am einfachsten ist die elektromechanische Lösung mit Hilfe eines Ruhekontaktes. Entsprechende Konstruktionen sind auch mechanisch möglich.

Besonders einfach und anschaulich ist die Anwendung der Schaltalgebra bei elektromechanischen Geräten. Die logischen Grundaufgaben werden durch Parallelschaltung bzw. Serienschaltung von Kontakten und Ruhekontakt gelöst. Allerdings braucht man Relais als Zwischenelemente. Bild V-10 zeigt die Schaltungen für die logischen Grundoperationen. Es ist dabei üblich, die Relais selbst mit grossen Buchstaben zu bezeichnen und die zu einem Relais gehörenden Kontakte mit kleinen Buchstaben.

Bei der modernen Transistortechnik sind sehr verschiedene Variationen der Lösungen der logischen Grundoperationen möglich. Der Transistor vereinigt eine Diode mit einem Verstärker. Entsprechend kann die Diodenlogik verwendet werden (Bild V-11).

All diese unterschiedlichen Schaltungstechniken haben verschiedene konstruktive Eigenschaften. In Bild V-1 behält z.B. der Schieber C seine Position nach dem Schaltvorgang bei, was bei Bild V-2 nicht der Fall ist. Die Schaltungen V-4 bis V-11 sind zweischrittig, weil zunächst die Eingabeglieder (A, b) eingestellt werden müssen, und dann das Ergebnis ermittelt wird. In den Bildern V-1, V-2, V-6 und V-7 haben wir eine homogene, mechanische Technik. Bild V-8 ist dagegen typisch für eine gemischte Technik, da die Eingabeglieder zwar aus mechanischen Schiebern bestehen, die Lösung jedoch mit optischen Mitteln erfolgt.

Auch die elektromechanischen Schaltungen sind streng genommen nicht homogen. Die Einstellung der Schalter und Tasten und die Schaltung der Relais sind trägheitsgebunden, während das Fortschalten der Spannung auch über mehrere Kontakte hinweg im Vergleich dazu trägheitsfrei erfolgt.

Erst die elektronischen Bauelemente schalten ohne mechanische Trägheit. Die Schaltfrequenzen sind dabei in erster Linie durch Induktivitäten und Kapazitäten begrenzt. Bei sehr hohen Frequenzen muss die Fortpflanzungsgeschwindigkeit eines Spannungsimpulses in einer einfache Leitung (annähernd Lichtgeschwindigkeit) beachtet werden.

Es liegt nahe, eine einheitliche Darstellungsform für die in den verschiedenen Techniken ausgeführten Schaltungen zu finden. Der Verfasser benutzte bei seinen ersten Geräten abstrakte Schaltungen, bei welchen die Bild V-10 entsprechenden logischen Grundoperationen so dargestellt wurden, wie es Bild V-12 zeigt. Das war den beiden damals verwendeten Techniken, der mechanischen Schaltgliedtechnik und der elektromagnetischen Relaistechnik, gut angepasst, jedoch weniger den später Bedeutung erlangenden elektronischen Techniken. Der

Grund liegt darin, dass bei dieser Darstellungsform die Kontakte der elektrischen Verbindung lediglich durch Kreise ersetzt sind, während im übrigen die Trennung in aktive und passive Glieder erhalten bleibt.

Später sind dann verschiedene neutrale Darstellungsformen vorgeschlagen worden, welche mehr den Eigenschaften elektronischer Bauelemente entsprechen. Bild V-13 zeigt eine Form, bei der die logischen Verknüpfungen durch Kreise und die Negation durch einen Querstrich symbolisiert sind. Diese Darstellungsform hat jedoch einige Nachteile und konnte sich daher nicht durchsetzen. Heute wird oft die in Bild V-14 gezeigte Form benutzt (auch als "Semmellogik" bezeichnet). Bei dieser Art der Darstellung wird auf die konstruktive Seite der Lösung nicht Bezug genommen (was auch für Bild V-13 gilt). Die Negation wird durch einen kleinen ausgefüllten Kreis gekennzeichnet. Die einzelnen Komponenten lassen sich beliebig zusammensetzen. Es können mehr als zwei Eingänge zu einem Konjunktions- oder Disjunktionssymbol geführt werden usw.

Solche Schaltungen entsprechen auch am ehesten dem Begriff "statische Schaltung". Die in Bildern V-4 bis V-11 gezeigten Lösungen sind streng genommen nicht statisch, da sie mehrschrittig arbeiten. Das kann aber vernachlässigt werden, wenn man lediglich die Zuordnung von Eingabe und Ausgabe in Betracht zieht.

## V2) Schaltwerke

Bei den in Abschnitt V1) besprochenen Schaltungen und Konstruktionen wurde angenommen, dass sie zwecks Lösung einer logischen Aufgabe nur einmal in Aktion treten. Man kann nun Schaltungen zyklisch zum Kreis schliessen und erhält dynamisch arbeitende Schaltwerke. Die Ergebnisse werden dabei ganz oder teilweise auf die Eingabeglieder zurück übertragen. Wie bereits in anderen Abschnitten verschiedentlich erwähnt (z.B. Abschnitt III9), (Bild III-33), bewähren sich in der Praxis besser solche Konstruktionen, bei denen zwei Gruppen von Schaltelementen sich gegenseitig schalten und so einen Kreislauf bilden.

Typisch hierfür sind Addierwerke. Bild V-15 zeigt das Schema eines Serien-Addierers für eine binäre Stelle. Dabei werden die einzelnen Binärziffern einer Zahl nacheinander, beginnend mit den unteren Stellen, über eine einzige Leitung übertragen. In Bild V-15 laufen die beiden Summanden über die Leitungen a und b ein. Bei c wird - etwas verzögert - die Summe ausgegeben. Da auf jeder der Leitungen a, b für einen Schaltvorgang nur eine Binärzif-

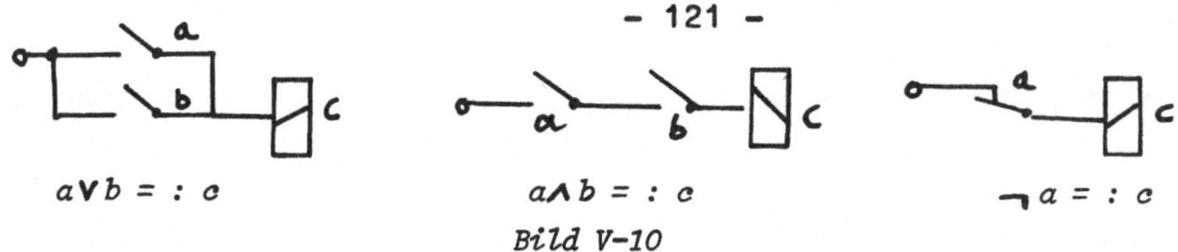


Bild V-10

*Relais-Schaltung für die drei aussagenlogischen Grundoperationen.*

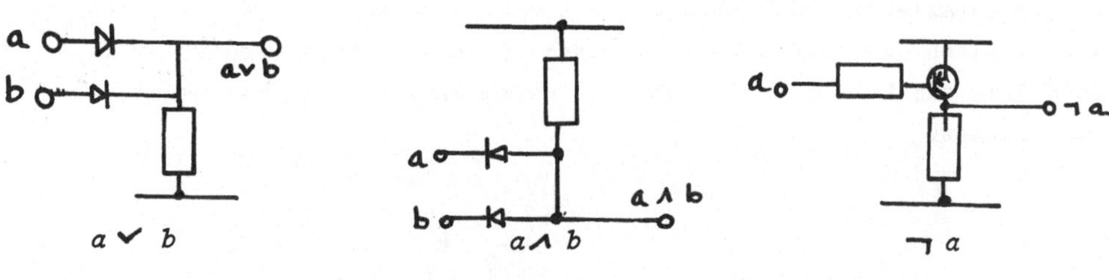


Bild V-11

*Lösung der Konjunktion, Disjunktion und Negation mit Dioden und Transistoren.*

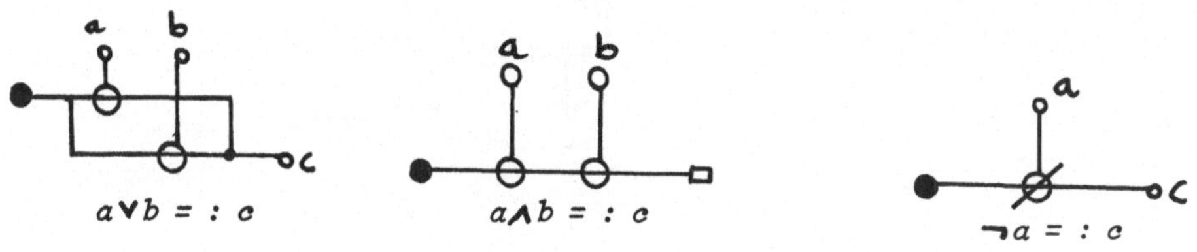


Bild V-12

*Darstellung der Grundoperationen in abstrakter Schältgliedtechnik.*

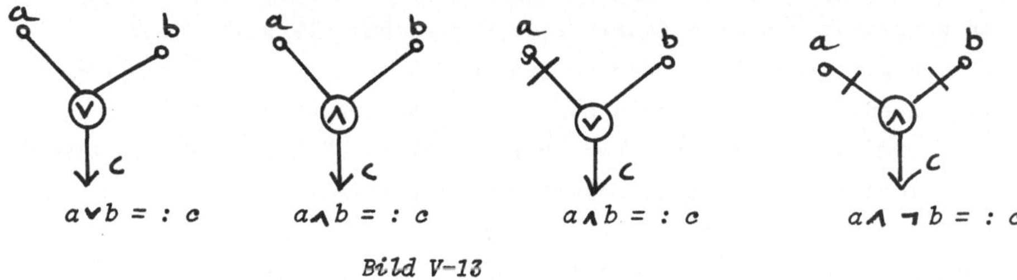


Bild V-13

*Neutrale Symbole für die Grundoperationen.*

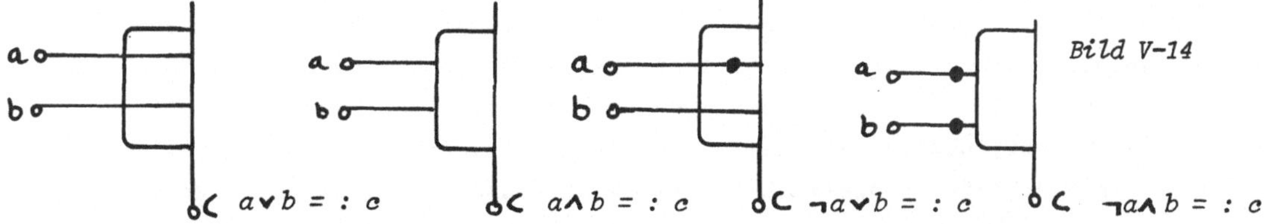


Bild V-14

*Symbolische Darstellung der Grundoperationen mit Hilfe der "Semmel-Logik".*

fer zugeführt wird, braucht das Addierwerk nur für eine Binärstelle ausgebaut zu werden. Es arbeitet zyklisch mit einem Schaltzyklus je Binärstelle. In jedem Zyklus wird ein Stellenüberträg u' errechnet, welcher auf den Eingang des Addierwerkes zurück übertragen wird (u). Es hat sich bewährt, solche Addierwerke durch eine Uhr zu takten. Das kann dann in entsprechender Weise auf die gesamte Zentraleinheit eines Computers übertragen werden. Dabei ist ein paralleles und unabhängiges Arbeiten verschiedener Teile des Computers möglich. Wir haben bereits gesehen, dass sich bei zentraler Taktung Konflikte und kritische Situationen vermeiden, bzw. klaren Regeln unterwerfen lassen.

**Bild V-15**
**Binäres Serien-Addierwerk.**

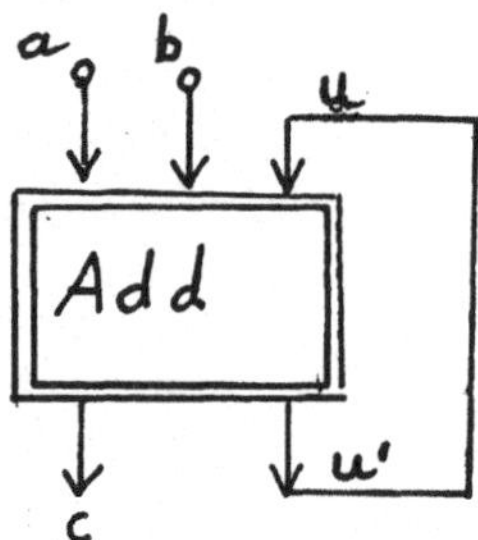


Im Rahmen solcher Aufgabenstellungen hat sich die Schaltalgebra gut bewährt, so lange man möglichst homogene Bauelemente verwendet, die sich für eine zentrale Taktung gut eignen. Das war in idealer Weise bei Relaiscomputern der Fall. Bei ihnen ist die Analogie zwischen aussagenlogischen Formeln und Schaltungen besonders gut zu erreichen. Bei elektronischen Schaltungen arbeiten die Bauelemente jedoch mitunter in verschiedenen Techniken mit verschiedenen Schaltzeiten, so dass selbst innerhalb der eigentlichen Rechenwerke die zentrale Taktung technische Probleme aufwerfen kann. Hinzu kommt, dass zu den modernen Computern eine umfangreiche Peripherie mit sehr verschiedenen Geräten gehört, die alle ihrem eigenen Rhythmus gehorchen.

Hier treten Problemstellungen auf, die von der Schaltalgebra einschliesslich der Theorie der Schaltwerke nicht mehr ohne weiteres gelöst werden können. Es sind verschiedene Versuche gemacht worden, das zeitliche Zusammenspiel verschiedener konstruktiver Einheiten und die Möglichkeit paralleler bzw. nebenläufiger Abläufe theoretisch zu untersuchen und Mittel zu ihrer Formulierung bereitzustellen. Die P-Netze stellen in dieser Richtung einen entscheidenden Schritt dar. Allerdings basieren sie auf anderen Voraussetzungen und entsprechen teilweise anderen Zielsetzungen als die traditionelle Schaltalgebra.

V3) P-Netze und formale Logik

Wir hatten in Kapitel I gesehen, dass die Idee der P-Netze weitgehend auf die Automatentheorie zurückzuführen ist. Die Anregungen zu ihrer Entwicklung kamen mehr von der Software- als von der Hardware-Seite her. Die Verflechtung innerhalb einer komplexen Programmstruktur nimmt heute Formen an, die mit den bisherigen Mitteln nicht mehr ohne weiteres durchschaubar sind. Von einer algorithmischen Sprache erwartet man heute mehr, als nur die rein logische Formulierung der Zusammenhänge zwischen Eingabe- und Ausgabedaten. Viele Unterprogramme lassen sich parallel bzw. unabhängig voneinander ausführen. Einige algorithmische Sprachen, wie z.B. Algol 68 benutzen zur Kennzeichnung solcher Programmabschnitte als Trennzeichen zwischen verschiedenen Anweisungen wahlweise das Komma oder das Semikolon. Es hat sich jedoch gezeigt, dass diese Mittel bei komplizierten Verflechtungen nicht genügen. Die P-Netze geben zu der Hoffnung Anlass, dass sie ein sehr leistungsfähiges Instrument zur Lösung solcher Programmierungsprobleme darstellen. Sie sind jedoch nicht auf Software-Probleme spezialisiert. Es bleibt im Zusammenhang dieses Kapitels die wichtige Frage, ob die P-Netze auch geeignet sind, die Schaltalgebra mit zu erfassen und derart weiter zu entwickeln, dass die oben erwähnten Mängel behoben werden.

Es zeigt sich nun, dass die P-Netze nicht unmittelbar dieser Zielsetzung entsprechen. Im nächsten Abschnitt werden wir sehen, in welcher Weise die P-Netze im Sinne der Schaltalgebra angewandt werden können.

Die Beziehungen zwischen P-Netzen und Mathematik sind in etwas anderer Richtung untersucht worden. Von Petri selbst stammen die Begriffe "Informationsfluss" und "Enlogik" (L1, L2). Wie bereits in Abschnitt IV1.3) im Zusammenhang mit der Unterscheidung von Vorwärts- und Rückwärtskonflikten gesagt wurde, gehört die Reversibilität von Prozessen, einschliesslich solcher der Datenverarbeitung zum wesentlichen Gedankengut von Petri. Dementsprechend spielen reversible Schaltkreise in seiner Konzeption eine grosse Rolle. Als Elementarverknüpfung dient dabei der Quine-Transfer mit zwei Eingabewerten x und y sowie zwei Ausgabewerten z und u (L2). Bild V-16 zeigt das P-Netz, bei dem die aussagenlogischen Variablen durch Scheffer-Komponenten dargestellt sind. Bild V-17 bietet eine Ausführungsform mit Hilfe von elektromechanischen Relais. Die Beziehungen zwischen Eingabe und Ausgabe sind durch folgende Ansätze gegeben:

$$x =: z \quad ; \quad x \nLeftrightarrow y =: u$$

Man kann nach Petri (L 1, L 2) aus solchen reversiblen Schaltkreisen ganze Rechenwerke aufbauen. Es werden dabei nie Informationen "weggeworfen".

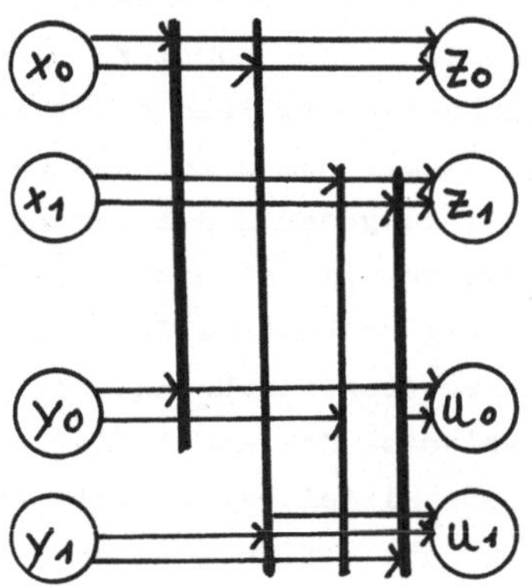


*Bild V-16*
*Quine-Transfer*
*Reversibles Schaltelement*

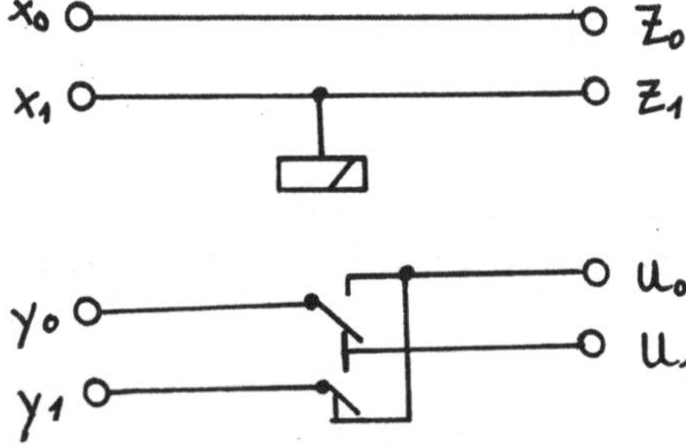


*Bild V-17*
*Relaisschaltung für den Quine-Transfer entsprechend Bild V-16*

Das kann bei einer Addition bzw. einer Multiplikation mit einer Kette aufeinanderfolgender Additionen dazu führen, dass neben der Summe stets noch einer der beiden Summanden "aufbewahrt" wird. Petri und seine Mitarbeiter glauben, dass auf diese Weise in Zukunft effizientere Schaltungstechniken entwickelt werden können, wofür nach Ansicht des Verfassers allerdings der Beweis fehlt. Die Überlegungen von Petri können den Verfasser als Ingenieur nicht überzeugen. Bei der Datenverarbeitung handelt es sich im allgemeinen um Informationsverdichtung, d.h. eine grosse Menge von Eingabedaten wird zu einer geringen Anzahl von Ergebnissen verdichtet. Petri steht auf dem Standpunkt, dass diese Art der heute üblichen Datenverarbeitung eine ähnliche Verschwendung bedeutet, wie bei technisch irreversiblen Prozessen die Verschwendung von Energie.

Aus dieser Analogie heraus schwebt ihm vor, dass die Erhaltung der Information in der Datenverarbeitung eine ähnliche Bedeutung haben könnte wie die Erhaltung der Energie in physikalischen und technischen Prozessen. Es ist für einen Informatiker wohl sehr verlockend, den Erhaltungssätzen der Physik solche der Informatik gegenüberzustellen und sich der Hoffnung hinzugeben, damit einen entscheidenden Schritt in bezug auf allgemeine Gesetze in der Informationsverarbeitung getan zu haben (L 3, S. 21).

Die Gegenüberstellung von Energie und Information ist bereits verschiedentlich in der Literatur versucht worden. Der Verfasser hat in seiner Arbeit "Ansätze einer allgemeinen Netztheorie" (L 16, S 37) diese Frage näher behandelt und ist dabei zu dem Schluss gekommen, dass derartige Vergleiche und Analogien sehr gewagt sind. Information und Energie gehorchen grundsätzlich verschiedenen Gesetzen, und Vergleiche sind nur unter begrenzten Voraussetzungen vernünftig.

Der Zusammenhang zwischen Erhaltungssätzen und Reversibilität ist nach Ansicht des Verfassers noch nicht mit der nötigen Gründlichkeit untersucht worden. Logisch reversible technische Prozesse müssen nicht notwendig auch physikalisch reversibel sein. Es ist zu erwarten, dass die Informatik in den nächsten Jahrzehnten in der theoretischen Physik eine ständig wachsende Bedeutung erlangen wird. Die Theorie der zellularen Automaten wird dabei eine erhebliche Rolle spielen. Es wäre jedoch falsch, dabei die Reversibilität von vornherein als grundsätzliche Forderung aufzustellen.

Die heutigen Schaltkreistechnologien kommen immer mehr an die physikalischen Grenzen in bezug auf räumliche Ausdehnung, Schaltgeschwindigkeit und Energieaufwand. Sicher lohnt es sich, auch in diesem Zusammenhang die Frage zu stellen, ob die Idee der reversiblen Schaltkreise neue Perspektiven eröffnen kann. Man sollte sich aber auch dabei vor gefühlsmässig gefassten Vorurteilen hüten.

Ein gutes Anwendungsbeispiel der P-Netze zur Behandlung von mathematisch logischen Kalkülen gibt Gerda Thieler-Mevissen (L 9). Dabei werden die Plätze eines P-Netzes mitunter auch dann durch Transitionen verknüpft, wenn sie aufgrund der Struktur des Systems nie aktiviert sind, also auch nie schalten können. Dadurch werden stets gegebene statische Eigenschaften eines Systems beschrieben (Enlogik nach Petri). In einem Netz sind bestimmte "Facts" gegeben, die unabhängig davon, welche erlaubten Transitionen auch immer geschaltet werden, erhalten bleiben.

Ein Elementarfall ist in Bild V-18 dargestellt. Diese Transition kann nie schalten, falls folgende Voraussetzung stets gilt.

$$\vdash A \wedge B \Rightarrow C \vee D$$

Eine solche "tote" Transition wird durch ein eingezeichnetes F gekennzeichnet. Auf diese Weise kann man die in Abschnitt II4) erwähnte Scheffer-Komponente in einem Netz Kennzeichnen (Bild V-19). Bei einer Rumpfkomponente mit nur zwei Plätzen ist diese Darstellungsform noch mit erträglichem Aufwand möglich. Dehnt man das Verfahren jedoch auf Komponenten mit mehr Plätzen aus, so kommt man schnell zu unerträglich komplizierten Netzen. Bei einer Rumpfkomponente mit 4 Plätzen, von denen stets höchstens einer markiert sein darf, braucht man bereits sechs tote Transitionen (Bild V-20). In grösseren Netzen ist es schon schwierig, die normalen Knoten (Plätze und Transitionen) übersichtlich anzuordnen, so dass die Verbindungen nicht ein undurchschaubares Liniengewirr bilden. Zusätzliche tote Transitionen können dann kaum dazu dienen, die "Transparenz" zu erhöhen.

**Bild V-18**
**Tote Transition, die nie schalten kann (fact).**

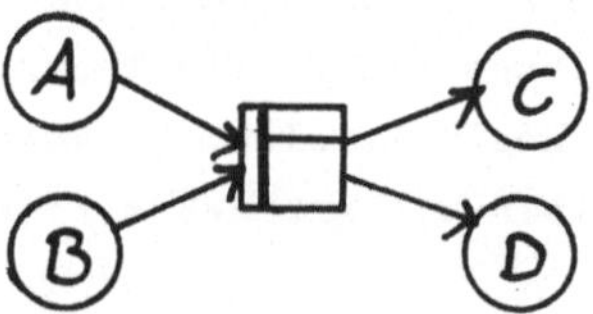

Bild V-19
Scheffer-Komponente gekennzeichnet durch eine tote Transition.

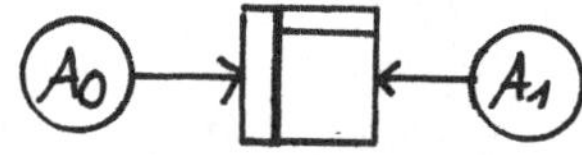


Bild V-20
Rumpfkomponente mit 4 Plätzen und Ruhezustand. Es kann höchstens einer der Plätze markiert sein. Das wird durch 6 tote Transitionen angezeigt.

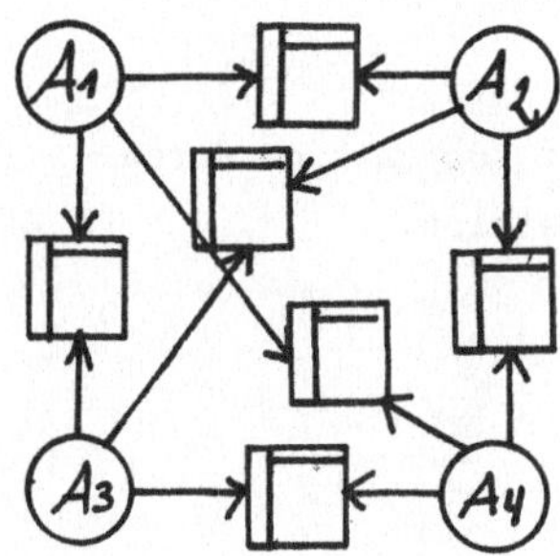


Zum Zwecke der mathematischen Ableitungen ist dieser Kalkül jedoch gut durchdacht und logisch sauber aufgebaut. In der erwähnten Arbeit wird gezeigt, wie formale Ableitungen und gegenseitige Beziehungen von mathematisch logischen Formeln in Netzform dargestellt werden können. In diesem Sinn entspricht ein Fact dem in logischen Ableitungen benutzten Behauptungszeichen " $\vdash$ " (siehe obige Formel). Es ist denkbar, dass diese Methode sich in Zukunft bewährt. Es liegt ihr aber eine grundsätzlich andere Auffassung als der Schaltalgebra zugrunde. Im folgenden Absatz soll daher untersucht werden, inwieweit die P-Netze dafür einsetzbar sind.

V4) P-Netze und Schaltalgebra

In einem P-Netz können die Plätze durch ihren Markierungszustand aussagenlogische Werte repräsentieren. Die Aktivierungsbedingung für eine Transition ist erfüllt, wenn sämtliche einlaufenden Plätze markiert und sämtliche auslaufenden Plätze nicht markiert sind. Damit ist eine Lösungsmöglichkeit für die aussagenlogische Konjunktion gegeben.

Wir wollen zunächst nur mit vollen Pfeilen arbeiten. Bild V-21 zeigt ein einfaches Netz zur Lösung der aussagenlogischen Konjunktion. Wir können die

die beiden Plätze A und B entsprechend Bild I-1 als Eingabe und den Platz C als Ausgabe auffassen. Das entspricht der Arbeitsweise eines Zuordners, bei dem vor der Operation die Eingabewerte eingestellt werden, und sich dann der Ausgabewert ergibt.

**Bild V-21**
**Lösung der Konjunktion durch eine Transition.**
**A∧B = : C**

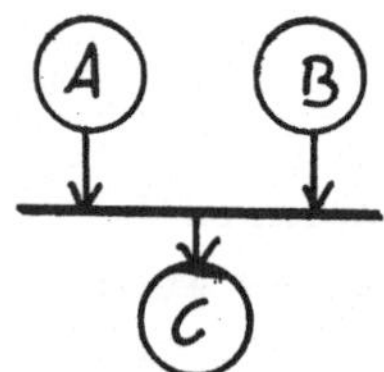


Wir schreiben den Ansatz unter Benutzung des "Ergibt-Zeichens =:" wie folgt:

$$A \wedge B =: C$$

Bei der Schaltung von Bild V-21 nehmen wir also an, dass zunächst alle Plätze frei sind, und dann die Plätze A und B markiert werden. Dadurch wird die Aktivierungsbedingung erfüllt. Durch Schalten der Transition kann C markiert werden.

Im Prinzip könnten mit einem solchen Netz auch negative Bedingungen erfasst werden, wenn wir, wie in dieser Schrift üblich, mit der beschränkten Spielregel arbeiten. Bild V-22 zeigt die entsprechende Lösung für den Ansatz

$$A \wedge \neg B =: C$$

Bei diesem Netz besteht allerdings kein formaler Unterschied mehr zwischen den Plätzen B und C. Der Umstand, dass wir in der Zeichnung den Platz B nach oben und den Platz C nach unten gelegt haben, ist nur für den menschlichen Betrachter von Bedeutung. Die Vertauschung von B und C oder die Verlegung von B nach unten würde an der Struktur des Netzes nichts ändern.

**Bild V-22**
**Netz entsprechend Bild V-21, jedoch Platz B als negative Bedingung**
**A∧ ¬B = : C**

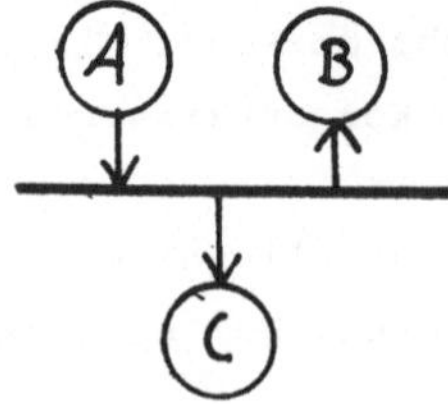

Damit kommen wir zu einem sehr wichtigen Punkt, der in Abschnitt V1) auf Seite 116 bereits erwähnt wurde. In der traditionellen Schaltalgebra kümmert man sich im allgemeinen zunächst nicht um das Schicksal der Eingabewerte bzw. der konstruktiven Glieder, welche diese repräsentieren. Meistens behalten die Eingabeglieder ihre Position auch nach der Operation bei, z.B. bei Relaisschaltungen entsprechend Bild V-10.

Zur Lösung einer neuen Aufgabe müssen die Glieder entweder vorher gelöscht oder umgestellt werden. Bei zyklisch arbeitenden Schaltwerken ist die generelle Löschung einer Gruppe von Informationsträgern oft die beste Lösung.

Bei den P-Netzen liegen die Verhältnisse grundsätzlich anders. Wir wollen zunächst im Sinne der ursprünglichen Theorie mit vollen Pfeilen arbeiten und können bei einer Transition die einlaufenden Pfeile als Eingabewerte und die auslaufenden als Ausgabewerte auffassen. In Abschnitt II4) wurden bereits die verschiedenen Möglichkeiten besprochen, die Information von einem bit darzustellen.

In den Bildern V-21 und V-22 werden binäre Rumpfkomponenten benutzt, bei denen das bit durch einen Markierungszustand (frei oder markiert) dargestellt wird. Die binäre Vollkomponente hat zwei Plätze, die den beiden Werten O und L entsprechen. Es muss beim Markenspiel stets einer der beiden Plätze markiert sein. Die Scheffer-Komponente weist ebenfalls zwei Plätze auf, die den Werten O und L entsprechen, von denen höchstens einer markiert sein darf. Die Scheffer-Komponente kennt also in Gegensatz zur binären Rumpfkomponente und zur Vollkomponente ausserdem den Zustand "nicht belegt" (beide Plätze frei, auch als Grundzustand bezeichnet, der sich hier von dem binären Zustand "O" wohl unterscheidet).

Die Bilder V-23 und V-24 zeigen die den Bildern V-21 und V-22 entsprechenden Netze, wenn wir die Rumpfkomponenten durch Vollkomponenten ersetzen. Wir erkennen, dass auch bei dieser Darstellung in Bild V-24 die Komponente B sich in bezug auf ihre Verknüpfungen nicht von der Komponente C unterscheidet.

Die Spielregel bei P-Netzen fordert bei Verwendung von vollen Pfeilen die Umstellung aller beteiligten Plätze. Ein etwas anderes Verhalten ergibt sich bei der Verwendung von Scheffer-Komponenten. In den Bildern V-25 und V-26 seien die Eingabe-Komponenten A und B Scheffer-Komponenten und die Ausgabekomponente C eine binäre Rumpfkomponente. Wie schon in den vorhergehenden

Beispielen werden meistens nur Teilnetze gezeigt. So muss man sich z.B. in Bild V-21 weitere nicht gezeichnete Pfeile denken, durch die die drei Plätze mit anderen Netzteilen verbunden sind und die jedoch für die Lösung der logischen Aufgabe nicht relevant sind. In Bild V-25 sind dementsprechend die Plätze Ao und Bo ohne angeschlossene Pfeile gezeichnet.

*Bild V-23*
*Netz entsprechend Bild V-21 mit binären Vollkomponenten*
*$A \wedge B =: C$*

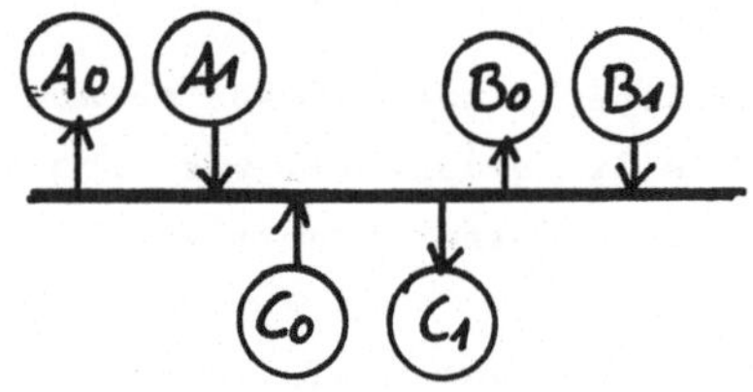


*Bild V-24*
*Netz entsprechend Bild V-22 mit binären Vollkomponenten*
*$A \wedge \neg B =: C$*

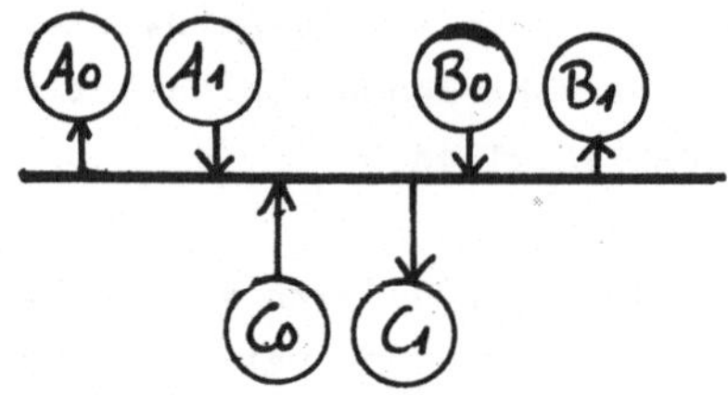


*Bild V-25*
*Netz entsprechend den Bildern V-21 und V-23 mit Scheffer-Komponenten*
*$A \wedge B =: C$*

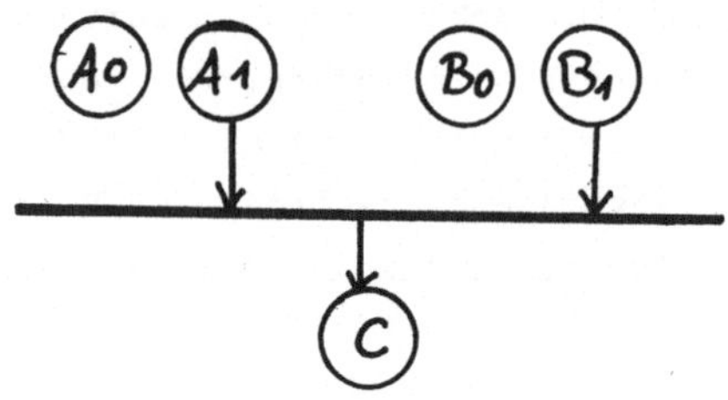


*Bild V-26*
*Netz entsprechend den Bildern V-22 und V-24 mit Scheffer-Komponenten*
*$A \wedge \neg B =: C$*

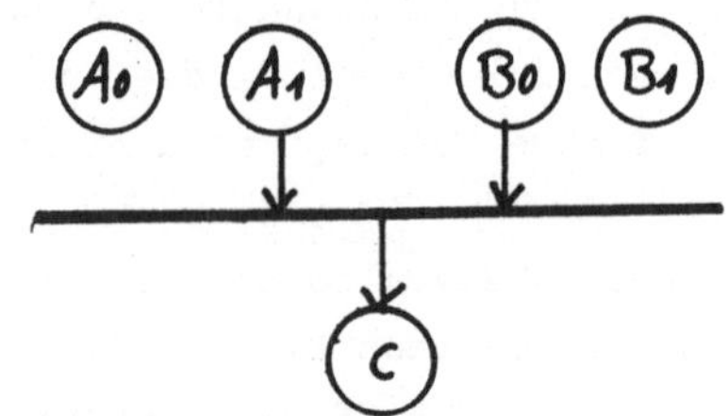

Wir können jetzt auch die aussagenlogische Disjunktion darstellen. Wir brauchen dafür allerdings (Bild V-27) drei Transitionen für die drei Fälle

$A1 \wedge B1$ ; $A1 \wedge Bo$ ; $Ao \wedge B1$

Etwas komplizierter werden die Netze, wenn wir auch die Ergebnis-Komponente C als Scheffer-Komponente darstellen wollen. Wir setzen dann voraus, dass diese sich vor der Operation im Grundzustand befindet (Co und C1 frei). Es muss jetzt nicht nur das Schaltkriterium für die positive Lösung (C1), sondern auch für die negative Lösung (Co) gebildet werden. Das läuft darauf hinaus, dass für die vier möglichen Markierungskombinationen der Komponente A und B vier Transitionen vorgesehen sein müssen. Es ergibt sich dabei noch der angenehme Nebeneffekt, dass die Eingabekomponenten A und B durch das Schalten der Transition auf den Grundzustand gebracht werden. Man braucht sie also nicht gesondert zu löschen. Wir können jetzt leicht beliebige aussagenlogische Funktionen einer oder mehrerer Variablen darstellen. Bild V-28 zeigt die Lösungen für die Konjunktion, Disjunktion, Aequivalenz und Negation.

*Bild V-27*
*Lösung der Disjunktion mit drei Transitionen*
*$A \vee B =: C$*

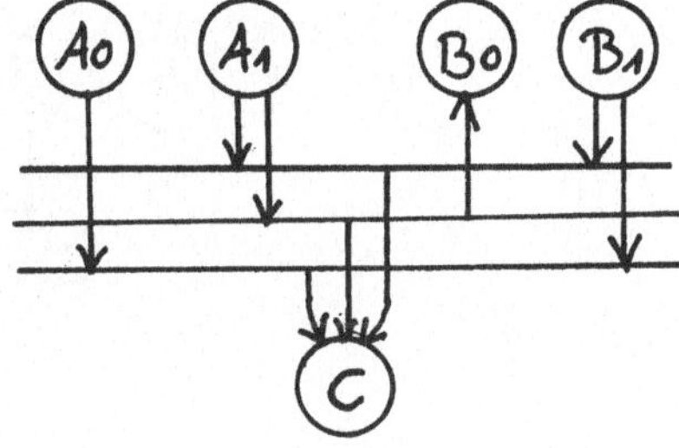


Wir haben bis jetzt nur mit vollen Pfeilen gearbeitet. Die Einführung von Nebenbedingungen ergibt z.T. einfachere Netze. Das liegt im wesentlichen daran, dass die Plätze, welche die Nebenbedingungen darstellen, durch das Schalten der Transition nicht verändert werden. Das entspricht besser der traditionellen Schaltalgebra. Das Bild V-29 zeigt die Lösungen einiger Aufgaben.

Derartige Netze entsprechen der aussagenlogischen ausgezeichneten disjunktiven Normalform. Sie besteht in der Aufzählung aller möglichen "Fälle", wobei unter Fall eine Verteilung der Werte 0 und 1 (bzw. "falsch" und "wahr") auf die Variablen eines Ausdrucks verstanden wird. Er ist dann durch eine

$A \wedge B =: C$

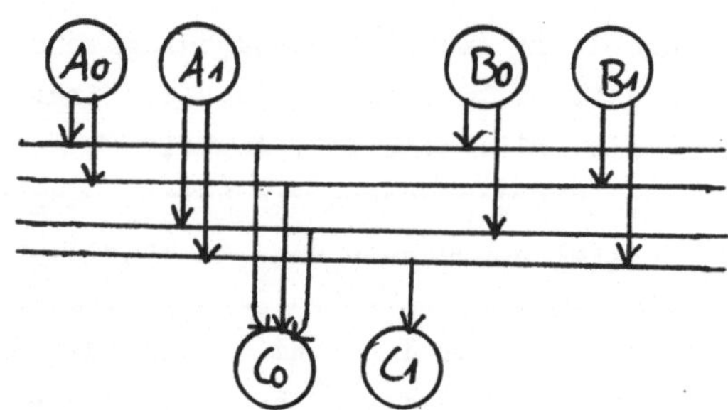


$A \vee B =: C$

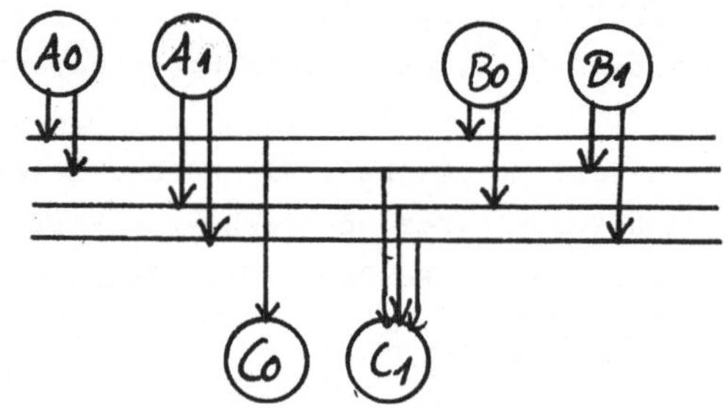


$A \Leftrightarrow B =: C$

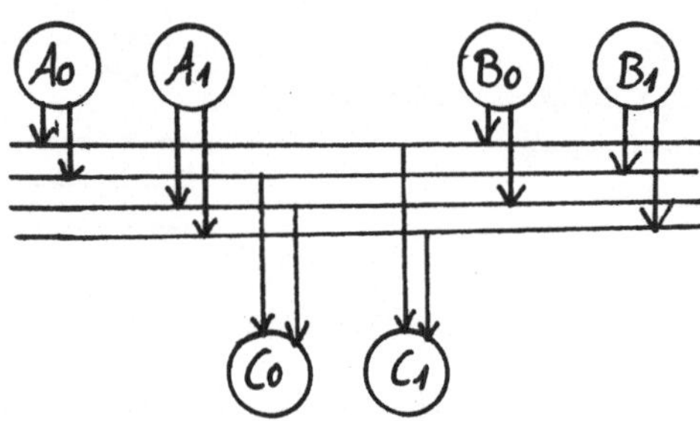


$\neg A =: C$

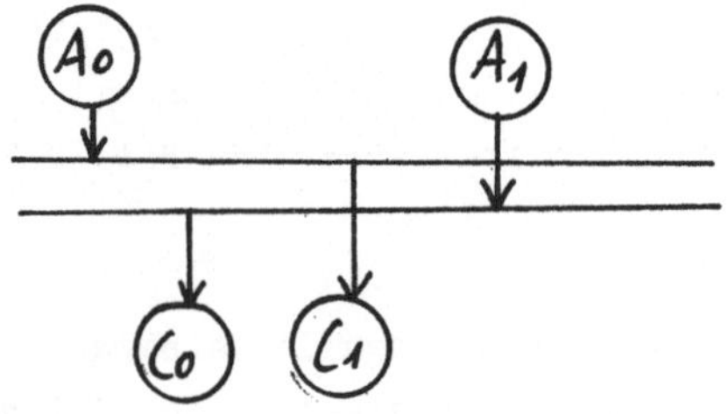


*Bild V-28*
*Vollausgebaute Netze für verschiedene aussagenlogische Ansätze.*

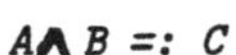

$A \wedge B =: C$

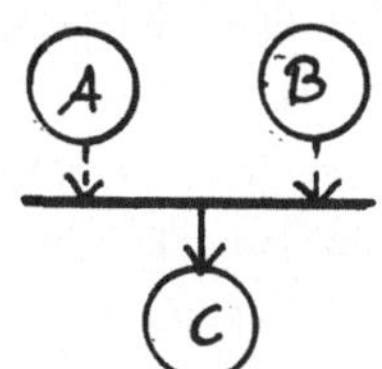


$A \wedge \neg B =: C$

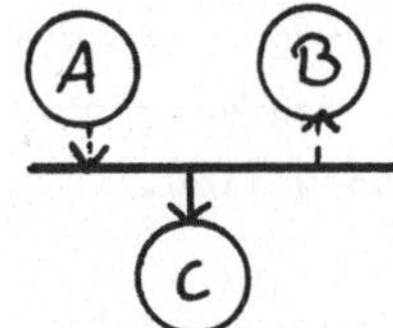


$A \vee B =: C$

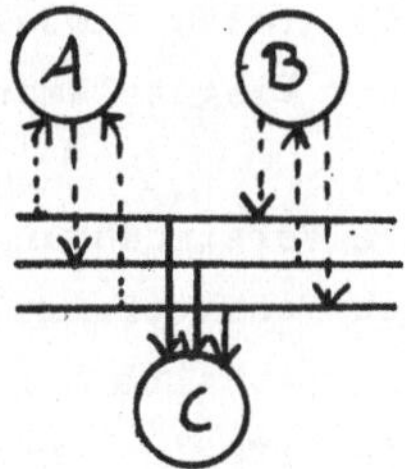


$A \Leftrightarrow B =: C$

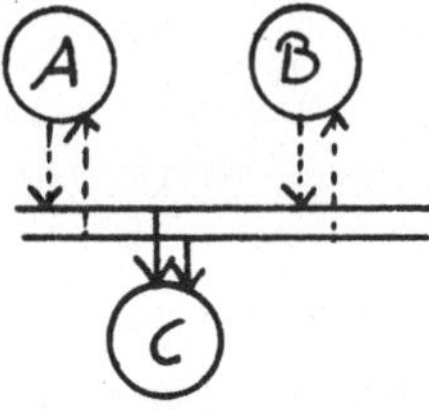


$\neg A =: C$

*Bild V-29*
*Lösung aussagenlogischer Ansätze mit Hilfe von Nebenbedingungen.*

konjunktive Verknüpfung dieser Werte gekennzeichnet. Die Fälle werden disjunktiv verknüpft. Die übergeordnete Verknüpfung ist also die disjunktive, daher der Name disjunktive Normalform. Sie heisst ferner "ausgezeichnet", da in jeder einzelnen Konjunktion sämtliche Variablen positiv oder negativ angeführt sein müssen. Es wird also von den möglichen Vereinfachungen entsprechend den Regeln des Aussagenkalküls kein Gebrauch gemacht.

Die mathematische Logik kennt ferner die konjunktive Normalform, die aus einer Konjunktion mehrerer Disjunktionen besteht, auf die wir hier aber nicht näher eingehen wollen.

Die Verwendung von Nebenbedingungen bei Scheffer-Komponenten bringt grundsätzlich nichts Neues gegenüber den Netzen der Bilder V-27 und V-28. Auf der Eingabeseite treten anstelle der Vollpfeile gestrichelte Pfeile. Die Markierungen der Eingabelemente bleiben dann allerdings erhalten.

Eine weitere Vereinfachung können wir im Falle der Disjunktion mit Hilfe der disjunktiven Schaltpfeile erreichen (Bild V-30). Aus diesem Grund erhielten sie auch im Abschnitt III3) ihren Namen. In besonderen Fällen können die Punkte an den Pfeilen entsprechend Bild V-30 auch fortgelassen werden; z.B. dann, wenn die Plätze A, B und C derselben Komponente angehören.

*Bild V-30*
*Lösung der Disjuntion mit disjunktiven Schaltpfeilen A∨B =: C*

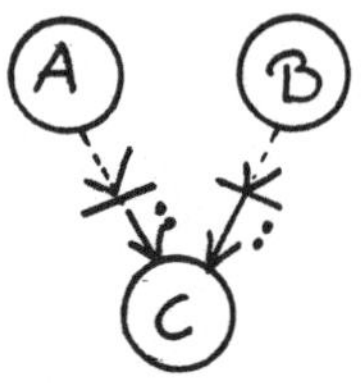


Schliesslich soll noch gezeigt werden, wie die Lösung aussagenlogischer Aufgaben mit Hilfe von Trigger-Transitionen entsprechend Abschnitt III5) aussehen. Bild V-31 zeigt die Bild V-29 entsprechenden Netze. Bei der Trigger-Transition werden bereits durch die Darstellungsform Eingabe- und Ausgabeplätze klar unterschieden.

Am Beispiel des in Bild V-15 schematisch dargestellten Serien-Addierwerkes sei noch ein komplizierteres Netz besprochen. Aus den Eingabewerten a, b, u'

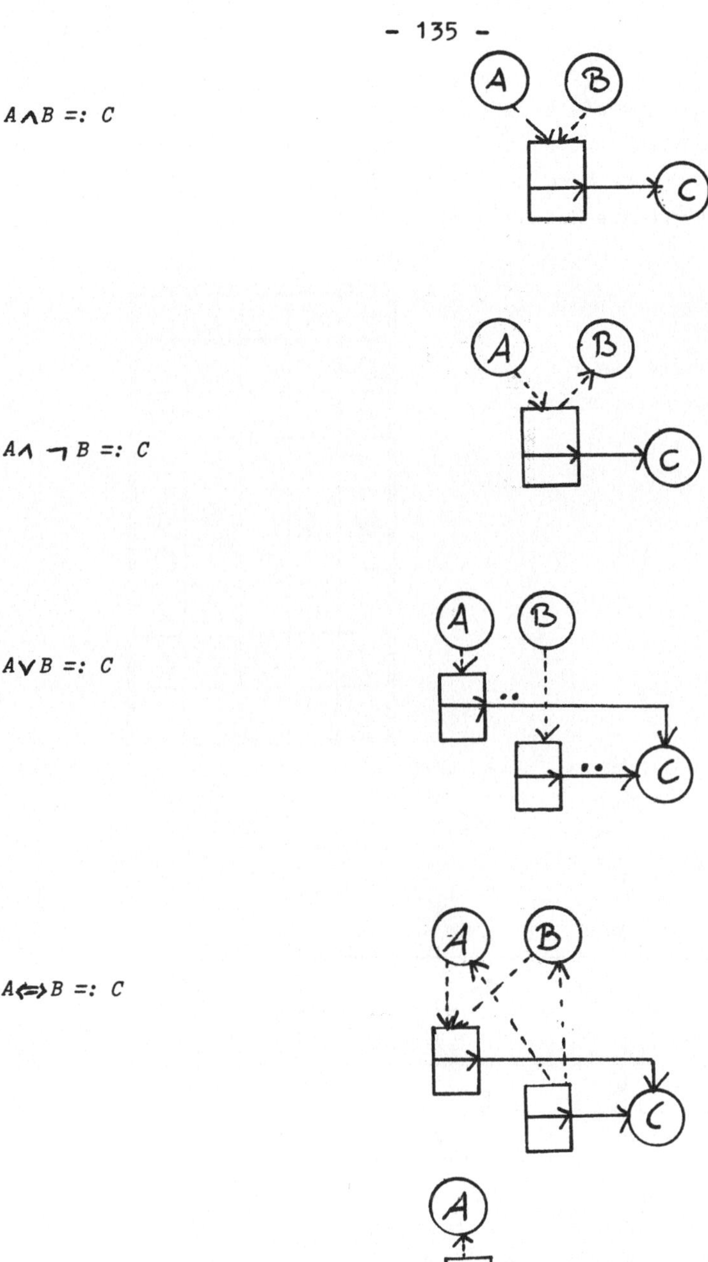


*Bild V-31*

*Lösung der Aufgaben entsprechend Bild V-29 mit Trigger-Transitionen.*

müssen die Ausgabewerte c, u bestimmt werden. Wir geben die Lösung zunächst in Tabellenform entsprechend der ausgezeichneten disjunktiven Normalform an (Bild V-32). Entsprechend dem in den Netzen von Bild V-29 verwendeten Verfahren können wir das Netz von Bild V-33 aufbauen.

*Bild V-32*
*Funktionstabelle für ein binäres Addierwerk entsprechend Bild V-15.*

| a | b | u | c | u' |
|---|---|---|---|---|
| O | O | O | O | O |
| O | O | L | L | O |
| O | L | O | L | O |
| O | L | L | O | L |
| L | O | O | L | O |
| L | O | L | O | L |
| L | L | O | O | L |
| L | L | L | L | L |

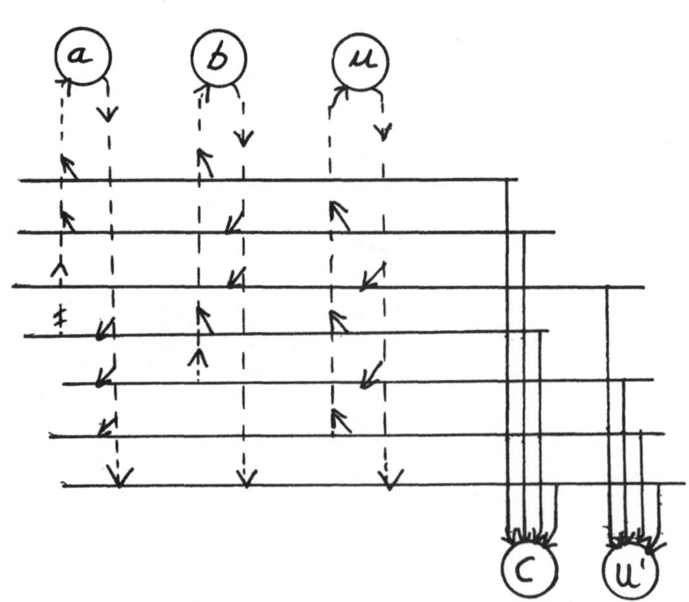


*Bild V-33*
*Addierwerk entsprechend der Tabelle von Bild V-32.*

In dieser Form wird man allerdings die Aufgabe der Addition kaum konstruktiv lösen. Es empfiehlt sich, eine Aufteilung in Teilaufgaben. Bild V-34 zeigt ein Netz für ein zweischrittiges (Uhr-Phasen I, II) Schaltwerk, bei dem die Zwischenwerte

$$a \wedge b =: d \; ; \; a (\not\Leftrightarrow) b =: e$$

gebildet werden, denen im Netz eigene Plätze entsprechen. Das Netz enthält Nebenbedingungen, disjunktive Schaltpfeile und Trigger-Transitionen. Ausserdem wird mit der Methode der "verlängerten Plätze" (entsprechend Abschnitt III7), Bild III-32) gearbeitet.

Solche Netze haben allerdings nur noch wenig Ähnlichkeit mit den ursprünglich durch Petri und seine Mitarbeiter konzipierten Darstellungsformen, welche die in den Kapiteln III eingeführten neuen Symbole nicht enthalten. Entsprechend den Bildern V-27 und V-28 kann man das Netz für das besprochene Addierwerk auch ohne diese Symbole aufbauen. Es wird dann etwas komplizierter.

V5) Verträglichkeitslogik

Das in Abschnitt V3) besprochene Symbol der toten Transition (fact) kann dazu dienen, eine "Verträglichkeitslogik" aufzubauen. Wir gehen dabei von technischen Konstruktionen aus, die nur bestimmte Einstellungen ihrer Glieder zulassen, da sonst ein mechanischer Bruch, ein elektrischer Kurzschluss oder dergleichen auftreten könnte (Bild V-35).

Links haben wir jeweils eine Konstruktion mit mechanisch horizontal beweglichen Schiebern, mit zwei ausgezeichneten Positionen 0 und 1. In der Mitte befindet sich die entsprechende elektrische Schaltung mit Dioden und rechts das zugehörige P-Netz mit dem Fact-Symbol.

Das in Bild V-35 angedeutete System lässt sich zu einem vollständigen Kalkül weiter ausbauen. Der Verfasser sieht in dieser "passiven Schaltalgebra" jedoch keinen besonderen Vorteil gegenüber der oben erwähnten "aktiven Schaltalgebra". Das "Ausrechnen" eines aussagenlogischen Ausdrucks würde darin bestehen, zu versuchen, die Glieder eines Systems entsprechend der Eingabe auf die geforderte Position zu bringen bzw. die elektrischen Pole an die gewünschte Spannung zu legen und abzuwarten, ob dies überhaupt möglich ist (mit dem System verträglich) bzw. bei elektrischen Schaltungen, ob es zu Kurzschlüssen kommt. Die Bestrebungen der Theoretiker der P-Netze gehen dahin, mit Hilfe der einem System eigenen Enlogik nachzuweisen, dass bestimmte Eigenschaften auf jeden Fall gewahrt bleiben. Das kann z.B. bei der Unter-

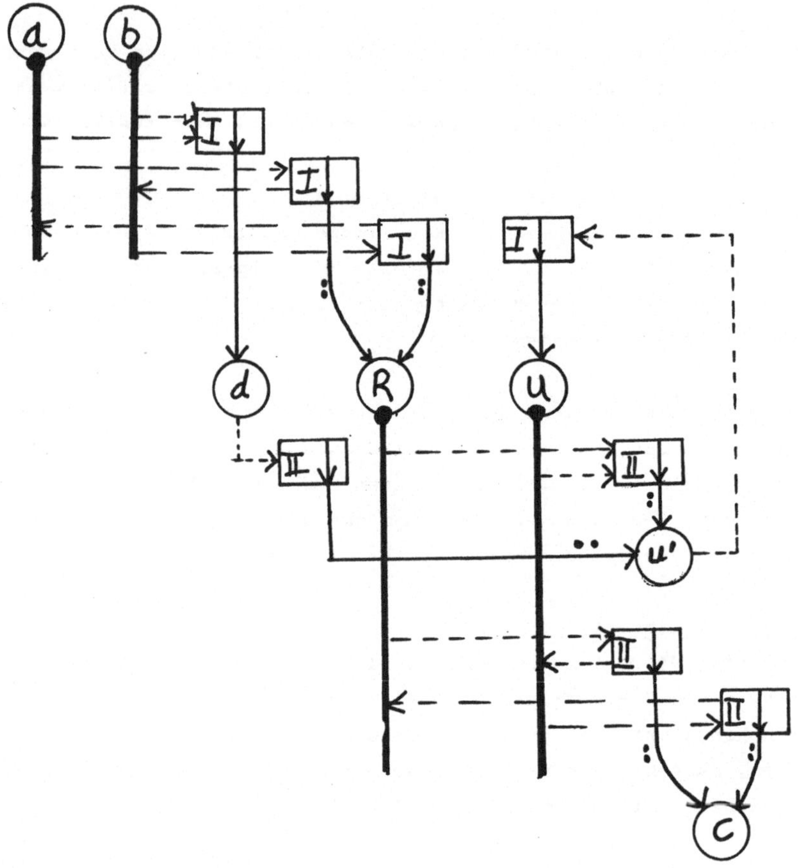


*Bild V-34*

*Addierwerk entsprechend Tabelle von Bild V-32, jedoch mit Bildung von Zwischenwerten*

$a \wedge b =: d$

$\neg\ (a \Leftrightarrow b) =: e$

*Es werden die neuen Symbole:*

*Nebenbedingung*

*Disjunktive Schaltpfeile*

*Trigger-Transition*

*Verlängerter Platz* *benutzt.*

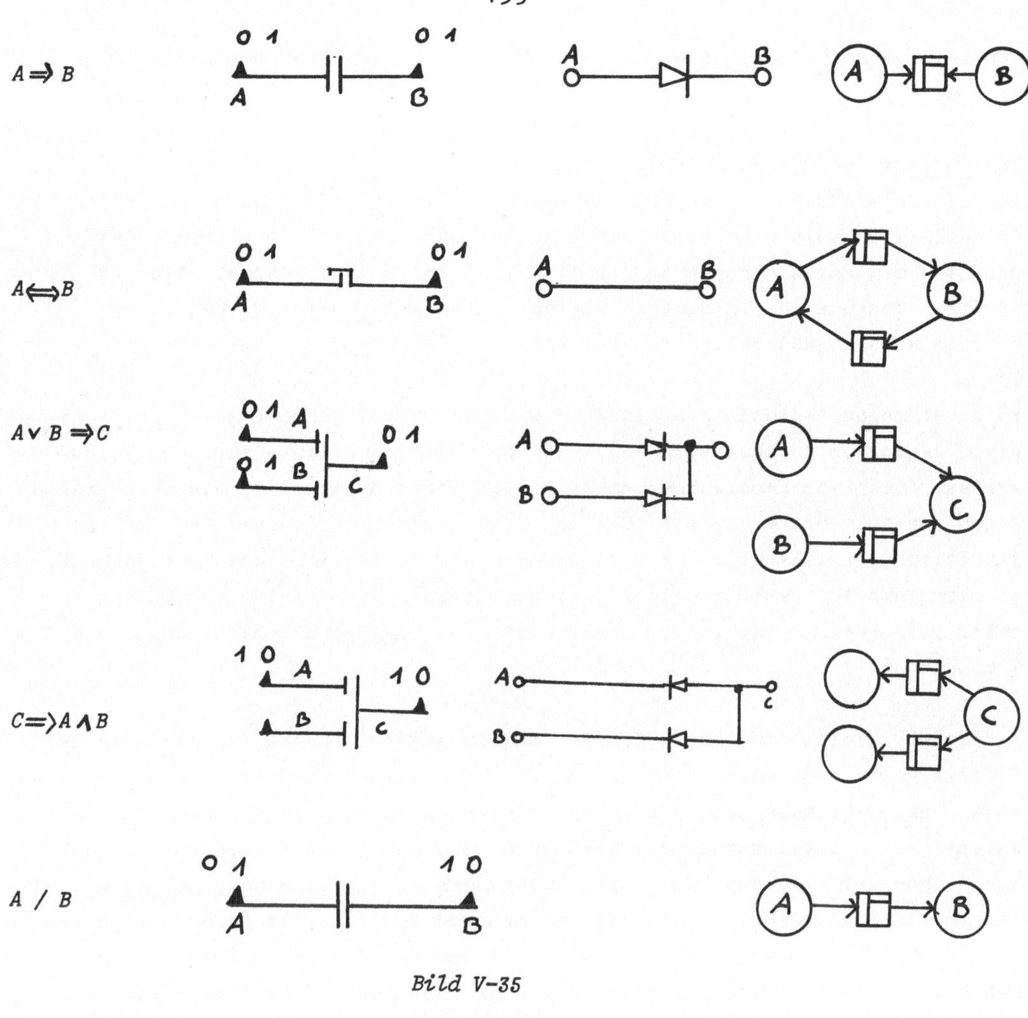


*Bild V-35*

*Links:* *Konstruktion mit horizontal beweglichen Schiebern mit zwei Positionen.*

*Mitte:* *Elektrische Schaltung mit Dioden.*

*Rechts:* *Zugehöriges P-Netz mit toten Transitionen (fact).*

*Die aussagenlogischen Formeln geben an, welche Zustände der Elemente (Positionen, Spannungen) mit der Konstruktion bzw. Schaltung verträglich sind.*

suchung der Sicherheit eines Signal- oder Verkehrssystems Bedeutung bekommen.

## V6) P-Netze und Entscheidungstabellen

Auf die Verwandtschaft zwischen P-Netzen und Entscheidungstabellen weist Gottschalk in seiner Schrift "Die Entscheidungstabelle" (L 12) hin. Das Arbeiten mit Entscheidungstabellen hat sich in letzter Zeit zu einer besonderen Technik der Informationsverarbeitung entwickelt (siehe Strunz "die Entscheidungstabellentechnik" L 14).

Entscheidungen bedeuten die Auswahl zwischen zwei möglichen Alternativen aufgrund gegebener Voraussetzungen, also die Bestimmung eines aussagenlogischen Wertes. Diese Voraussetzungen sind, formal gesehen, im allgemeinen ebenfalls durch aussagenlogische Werte gegeben. Dementsprechend handelt es sich bei den Entscheidungstabellen um eine besondere Form der Ausrechnung aussagenlogischer Formeln. Dabei können in einer Tabelle mehrere Ansätze vereinigt sein. Die "Regeln" enthalten im allgemeinen konjunktive Verknüpfungen von Bedingungen.

Gottschalk stellt den Regeln der Entscheidungstabellen die Transitionen der P-Netze gegenüber, was jedoch nur unter Vorbehalt möglich ist. Man muss auch dabei beachten, dass die P-Netze sowohl die Eingabeplätze als auch die Ausgabeplätze in ihrer Markierung verändern. Das ist bei Entscheidungstabellen nicht ohne weiteres der Fall. Die Bedingungen der Entscheidungstabellen stellen im Sinne der P-Netze oft Nebenbedingungen dar ohne dass dies sofort ersichtlich ist. Ferner wird meistens stillschweigend vorausgesetzt, dass mehrere Regeln unabhängig voneinander einen Ausgabewert bestimmen können, was bei P-Netzen dem disjunktiven Schaltpfeil entspricht. Es ist auch nicht immer klar, wie weit eine Rückwirkung der Ergebnisse auf die Eingabe-Bedingungen erlaubt ist. Das würde ja bedeuten, dass sie sich selbst umstellen. Eine saubere Gegenüberstellung dieser verschiedenen Unterschiede unter Einbeziehung der in Abschnitt III eingeführten neuen Symbole wäre wünschenswert.

## Zusammenfassung von Kapitel V

Die Schaltalgebra gehört heute schon zu den klassischen Disziplinen der Informatik. Sie behandelt allerdings vorzugsweise statische Schaltungen und sequentielle Prozesse. Die P-Netze erlauben demgegenüber die Behandlung von nebenläufigen Prozessen, jedoch wurden sie bisher nicht im Sinne einer Ergänzung der konventionellen Schaltalgebra behandelt.

Die in der Theorie der P-Netze benutzten Begriffe wie Informationsfluss und Enlogik und die Theorie der reversiblen Schaltkreise lassen noch keine wirkungsvolle Anwendung auf die Aufgaben des Ingenieurs erkennen.

Mit dem Symbol der "toten Transition" (fact) lässt sich eine "Verträglichkeitslogik"aufbauen, die für bestimmte Aufgaben (Sperrungen usw.) vielleicht Bedeutung erlangen könnte.

P-Netze können in gewisser Hinsicht den bekannten Entscheidungstabellen gegenübergestellt werden.

# VI Simulierung von Systemen und Prozessen

## VI1) Allgemeines

Im Abschnitt IV.2 wurden bereits einige Interpretationen für Netze gegeben. Dabei wurden auch Beispiele für elementare Verknüpfungen und Konfliktsituationen besprochen. Den Ingenieur interessiert die Beschreibung von technischen Systemen, in denen Prozesse ablaufen, wie in Verkehrsbetrieben, Fertigungseinrichtungen, Baustellen usw. Zur Simulation solcher Systeme müssen stets Vereinfachungen getroffen werden. Die Kunst besteht darin, die für einen Prozess wesentlichen Punkte heraus zu arbeiten und sie durch Netzelemente darzustellen. Der Begriff "Prozess" wird in dieser Schrift nicht genau festgelegt, sondern eher im Sinne der Ingenieure als technischer Prozess aufgefasst. Dagegen kennt die Theorie der Petri-Netze sehr spezielle Definitionen von "Prozess", die hier nicht übernommen werden sollen.

Wie wir es bereits im Kapitel II in den Bildern II-26 und II-27 gesehen haben, können Netzteile als Einheiten dargestellt werden. Die Zusammenfassungen brauchen sich bei der Darstellung komplexer Prozesse jedoch nicht streng an die Netzkomponente zu halten, sondern können ganze konstruktive Einheiten umfassen, wie z.B. die Steuerungseinheit und die Geräteeinheit bei einer numerisch gesteuerten Werkzeugmaschine. Bild VI-1 zeigt ein solches Schema. Durch die Kästen werden Teilnetze dargestellt, die aus einer oder mehreren Netzkomponenten im Sinne von Kapitel II bestehen können. Bei einer solchen Einteilung können jedoch auch Netzknoten, z.B. Plätze in mehreren Einheiten auftreten. Zwischen den Einheiten besteht ein Informationsaustausch, der z.B. in Meldungen der Werkzeugmaschine an die Steuerung oder in Befehlen der Steuerung an die Werkzeugmaschine bestehen kann. Im Prinzip sind dabei alle Arten von Linien, wie wir sie für Netze eingeführt haben, als Verbindungselemente möglich (siehe Abschnitt III8, S. 70). In den praktisch ausgeführten Systemen dienen der Informationsübertragung mechanische Hebel und Wellen, elektrische Leitungen, optische Signale usw. Die entsprechenden Elemente in P-Netzen sind Vollpfeile, Nebenbedingungen, Nebeneffekte, gemeinsame Plätze, gemeinsame Transitionen und einseitige Kopplungen von Transitionen. Die Bilder VI-2 bis VI-4 zeigen einige charakteristische Beispiele. In Bild VI-2 stellt C eine binäre Rumpfkomponente dar. Die Verbindung zwischen den Netzteilen A und B führt einseitig von A nach B. In Bild VI-3 tritt der Platz C sowohl in Teil A als auch in Teil B auf, wobei das Symbol des gemeinsamen Platzes benützt wird. Diese Verbindung entspricht der am meisten verbreiteten Informationsübertragung durch eine elektrische Leitung, welche im Netz durch

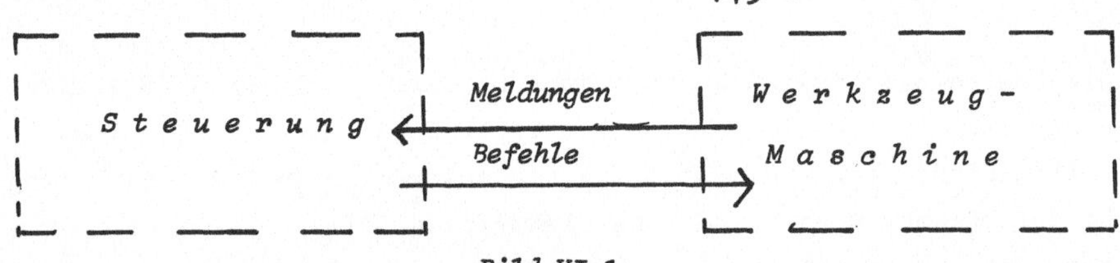


Bild VI-1

Aufteilung eines Netzes in mehrere Einzelteile, die konstruktiven Einheiten entsprechen.

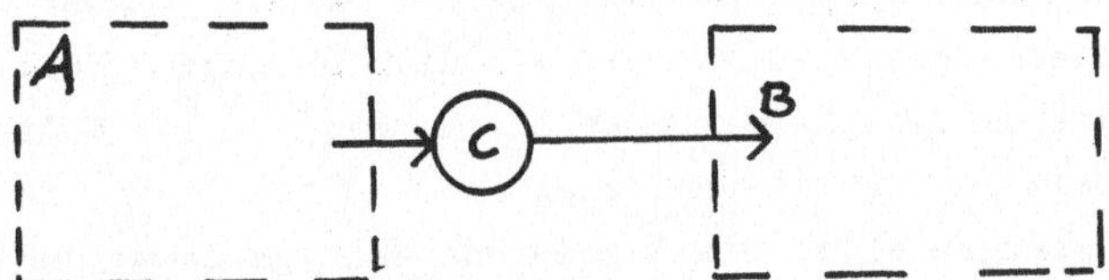


Bild VI-2

Informationsübertragung über einen besonderen Netzplatz (Kanal, einseitig).

Bild VI-3

Informationsübertragung über einen gemeinsamen Platz (zweiseitig)

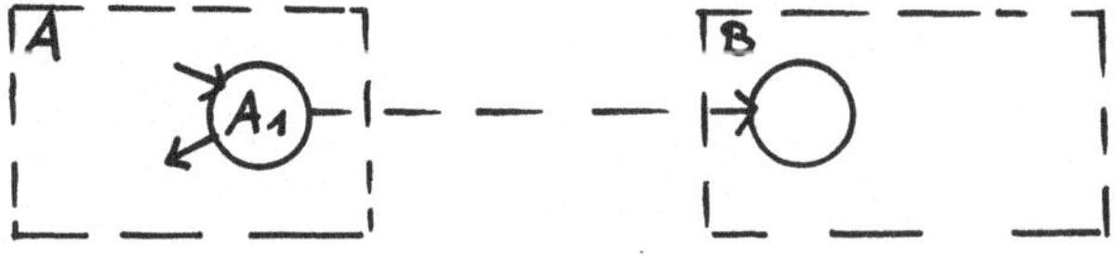


Bild VI-4

Informationsübertragung über eine Nebenbedingung.

eine binäre Komponente (zwei Spannungsniveaus) dargestellt wird. Dasselbe gilt auch für mechanische Elemente, wie durchlaufende Hebel, Wellen usw. Bild VI-4 entspricht z.B. einem Lichtsignal, welches im Teil B nur empfangen, aber nicht beeinflusst wird. Auch eine elektrische Leitung wirkt oft als Nebenbedingung, da sie im allgemeinen nur auf einer Seite an Spannung gelegt wird und auf der anderen Seite lediglich Wirkungen verursacht (bzw. "gelesen" wird).

VI2) Prozess-Einheiten

In technischen Systemen haben wir oft selbständige Einheiten, die ihren eigenen Gesetzen folgend ablaufen. Sie werden durch ein Startsignal in Gang gesetzt und erzeugen ein Endsignal, sobald sie ihre Aufgabe erfüllt haben. Bild VI-5 zeigt, wie ein solcher Prozess als Einheit in ein Netz eingebaut werden kann. Das Netz für den eigentlichen Prozess ist durch ein Rechteck mit abgerundeten Ecken dargestellt. Die Start- und Endsignale werden durch die Plätze Ps und Pe repräsentiert. Der Prozess beginnt durch Schalten der Transition t1 und endet durch Schalten der Transition t2. Parallel zum Prozess haben wir einen Netzplatz Pa, durch welchen angezeigt wird, ob der Prozess gerade läuft.

*Bild VI-5*
*Netz für einen Prozess P.*
*Das Rechteck stellt den eigentlichen Prozess dar.*

| | |
|---|---|
| *Ps* | *Start* |
| *Pa* | *"Prozess läuft"* |
| *pe* | *Ende* |

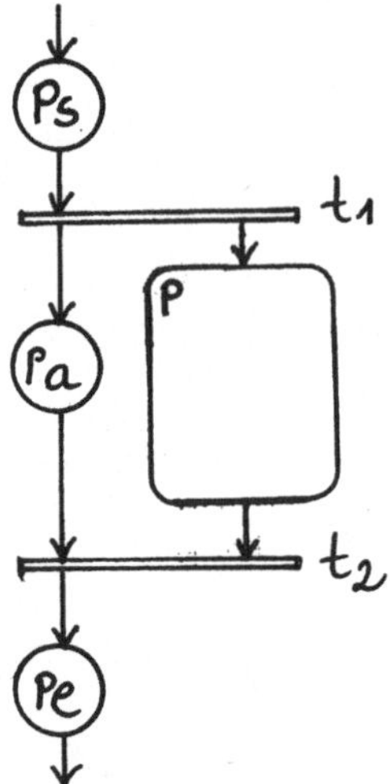


Es gibt komplizierte Prozesse, bei welchen weitere Informationen mit der Umgebung ausgetauscht werden. Wir wollen zunächst kinetische Systeme betrachten, wie Transportsysteme, insbesondere Handhabungsysteme. Solche Vorrichtungen haben bewegliche Teile wie Schlitten, Arme, Greifer usw., welche in die durch das Programm geforderten Stellungen gebracht werden müssen. Die Maße für die Positionen sind normalerweise durch Analogwerte gegeben. Für die Steuerung benötigen wir jedoch diskrete Aussagen wie "Teil A befindet sich zwischen x1 und x2". Wegen der Ungenauigkeiten kann eine Positionsangabe "A befindet sich auf Punkt x1" auch nur für ein kleines Intervall gegeben werden, welches x1 einschliesst. Bild VI-6 zeigt die Intervall-Aufteilung für eine Achse x mit den 4 ausgezeichneten Positionen Xp1, Xp2, Xp3 und Xp4 und den dazwischenliegenden Intervallen.

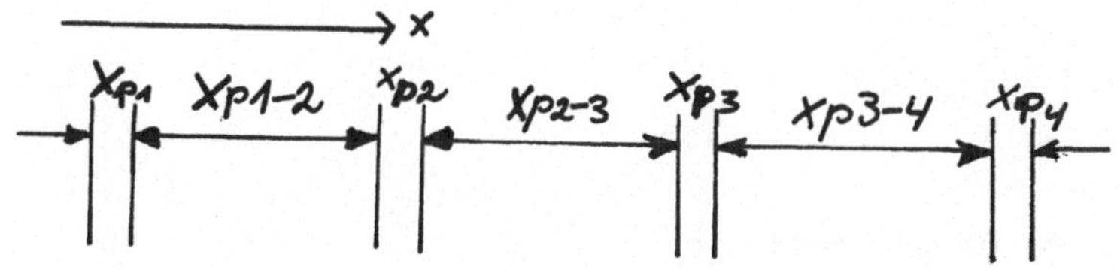


*Bild VI-6*
*Intervall-Aufteilung für eine Achse mit mehreren relevanten Positioen Xp1 bis Xp4 und den Zwischenstellungen Xp1-2 bis Xp3-4.*

Im Prinzip ist es möglich, den Antrieb für eine Achse so zu steuern, dass die Ist-Position jederzeit der Soll-Position entspricht, z.B. mit Hilfe von Schrittmotoren. In der Praxis haben sich jedoch Systeme mit rückwirkender Positionsanzeige (Feed-back) besser bewährt, da sie sicherer und flexibler sind. Dafür werden Positionsanzeiger in Form von Analog-Digital-Wandlern benötigt. In Abschnitt IV3.2 haben wir bereits die Problematik solcher Einrichtungen besprochen und ein Ausführungsbeispiel gegeben (Bilder IV-48 bis IV-50).

Bild VI-7 zeigt ein Antriebssystem für einen Schlitten, wie er in Werkzeugmaschinen und Handhabungsgeräten oft verwendet werden. Der Motor Xm verschiebt über eine Spindel Sh den Schlitten Sl. Über einen Zeiger Pt (Pointer) werden die jeweiligen Positionen angezeigt. Konstruktiv muss diese Anzeige entsprechend Bild IV-48 gelöst werden.

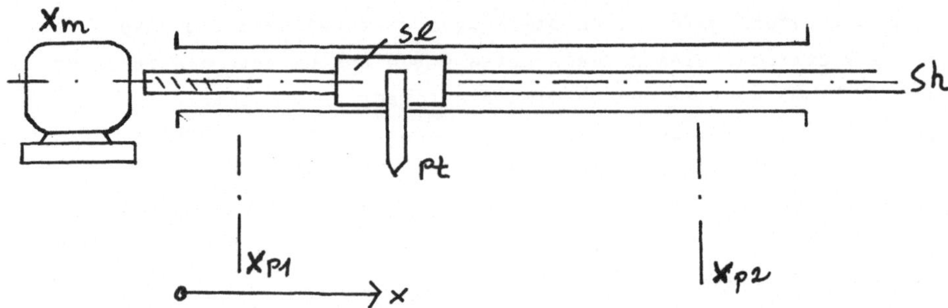


*Bild VI-7*
*Antrieb für einen Schlitten Sl*
*xm* *Motor*
*Sh* *Spindel*
*Sl* *Schlitten*
*Pt* *Zeiger*
*Xp1, Xp2 relevante (Grenz-)Positionen*

Es gibt verschiedene Möglichkeiten zur Beschreibung solcher Netze. Dabei wollen wir folgende Bezeichnungen für die Zustände des Systems, welche durch Plätze des Netzes repräsentiert werden, benutzen:

Xm+ Der Motor läuft in +X-Richtung
Xmo Der Motor steht still
Xm- Der Motor läuft in -X-Richtung
Xp1 } Schlittenpositionen
Xp2 }

Bild VI-8 zeigt die einfachste Form, bei der die Übergänge zwischen den Positionen Xp1 und Xp2 durch Transitionen dargestellt sind, die durch Xm+ bzw. Xm- aktiviert werden. Bei diesem Netz wird im Sinne der Automatentheorie die Zeit, welche zum Positionswechsel erforderlich ist, nicht berücksichtigt. Bild VI-9 zeigt dasselbe Netz jedoch mit Trigger-Transitionen. Es ist jedoch auch möglich, im Netz die Übergangsphase durch einen besonderen Zustand darzustellen, wie es Bild VI-10 zeigt.

Entsprechende Netze lassen sich auch für Achsen mit mehr als zwei relevanten Positionen aufbauen. Bild VI-11 zeigt ein Beispiel, welches der Aufteilung von Bild VI-6 entspricht und bei dem mit Übergangsphasen wie in Bild VI-10

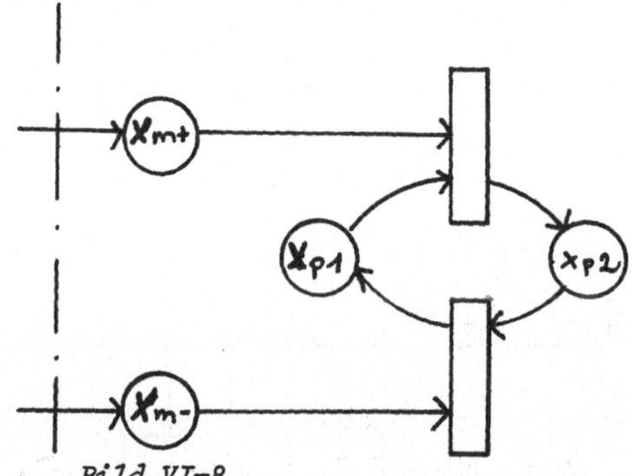


*Bild VI-8*

*Netz für einen Antrieb entsprechend Bild VI-7.*

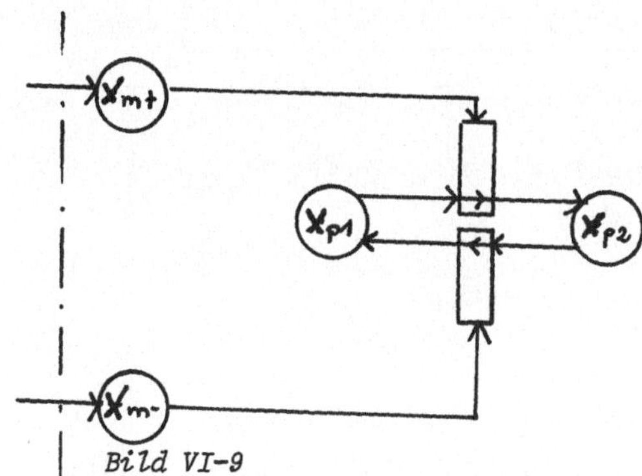


*Bild VI-9*

*Netz entsprechend Bild VI-8, jedoch mit Trigger-Transitionen.*

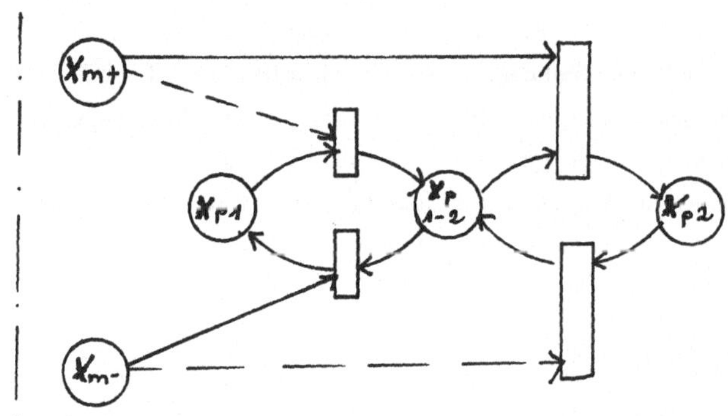


*Bild VI-10*

*Netz entsprechend Bild VI-8 mit Übergangsphase Xp1-2.*

gearbeitet wird. Durch Xm+ bzw. Xm- wird jeweils die Bewegung in Gang gesetzt und durch die Plätze Xpi wieder abgeschaltet. Der Antrieb erfolgt also schrittweise und muss nach Erreichen einer relevanten Position jedesmal wieder neu gestartet werden.

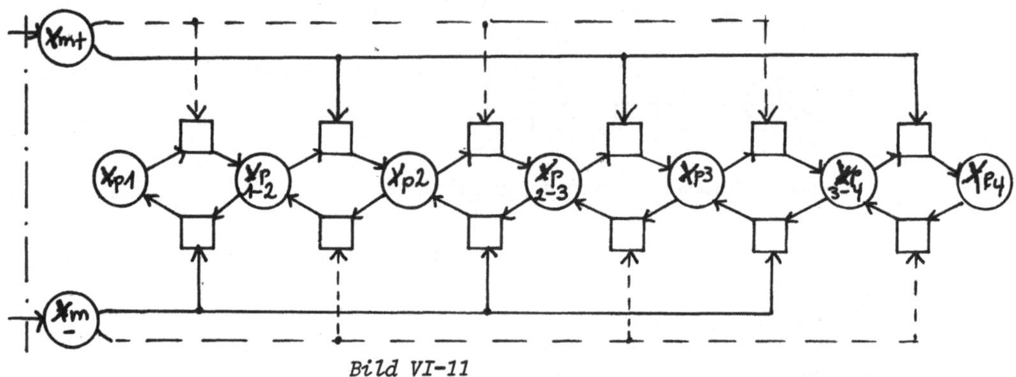


*Bild VI-11*

*Netz für einen Antrieb mit 4 relevanten Positionen, entsprechend den Bildern VI-6 und VI-10.*

In den Bildern VI-8 bis VI-11 wird angenommen, dass die Transitionen zwischen den relevanten Plätzen nach Aktivierung so bald wie möglich entsprechend der Interpretation schalten. Will man besonders betonen, dass die Übergänge den Zustandsänderungen im konstruktiv gegebenen Antriebssystem entsprechen, so kann man mit dem Symbol der gekoppelten Transition arbeiten. Bild VI-12 zeigt die durch das System ausgelösten Transitionen in der Nachbarschaft eines Punktes Xpi (als Beispiel Xp2 gewählt) entsprechend Bild IV-50. Es werden pro Intervall 4 Transitionen (Signalakzeptoren) benötigt. Bild VI-13 zeigt das Netz von Bild VI-10 ergänzt durch diese vom Antriebssystem her ausgelösten Transitionen.

Wir wollen nun das Netz für einen Prozess aufbauen, welcher in dem in Bild VI-7 gezeigten System abläuft. In Anlehnung an Bild VI-5. Wir wollen den Transport Xp1 → Xp2 getrennt vom Transport in umgekehrter Richtung behandeln und benötigen dann 2 Startsignale Ps1 und Ps2 (Bild VI-14). Wir vereinfachen die Darstellung nun in folgender Weise: Die Bewegung wird durch die Transition t1 bzw. t3 gestartet und durch t2 bzw. t4 beendet. Die Plätze für die

*Bild VI-12*

*Übergang am Intervall Xp2 gesteuert durch Signalakzeptoren entsprechend Bild IV-50*

*t2.1 Übergang Xp1-2 → Xp2*
*t2.2 " Xp2 → Xp2-3*
*t2.3 " Xp2 → Xp1-2*
*t2.4 " Xp2-3 → Xp2*

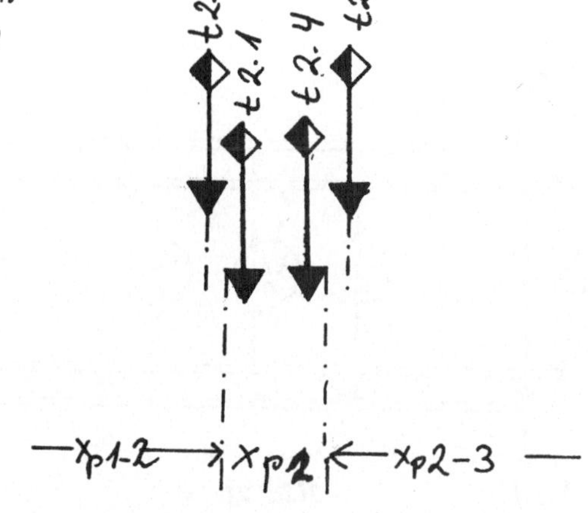


*Bild VI-13*

*Netz entsprechend Bild VI-10 unter Verwendung der Übergangssignale entsprechend Bild VI-12.*

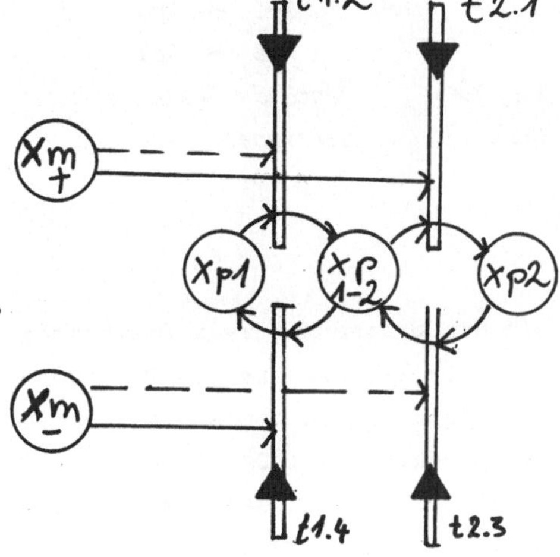


Positionen Xp1 und Xp2 wirken in dem steuernden Netz nur als Nebenbedingungen. Sie werden durch die konstruktiven Elemente des Transportsystems gesetzt (markiert) und gelöscht. Das wird im Gegensatz zu Bild VI-13 aber lediglich durch kleine Pfeile angedeutet. Ps1 schaltet über die Transition t1 den Antrieb von Ruhe (Xmo) auf Bewegung in +x-Richtung (Xm+). Voraussetzung ist, dass der Schlitten sich in der Position Xp1 befindet (Nebenbedingung). Nach Erreichen von Xp2 wird der Antrieb wieder auf Xmo geschaltet (ebenfalls als Nebenbedingung). Entsprechendes gilt für den Transport in entgegegesetzter Richtung. Bei diesem System wird ferner der Einfachheit halber angenommen, dass die Bewegungen so langsam ablaufen, dass ein unmittelbares Stoppen möglich ist, ohne dass der Schlitten einen zu langen Auslauf hat.

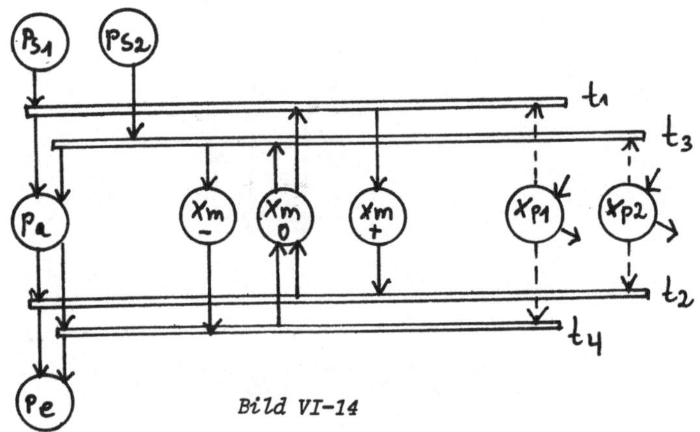


*Bild VI-14*

*Netz für den Antrieb entsprechend Bild VI-7*

| | | |
|---|---|---|
| *Ps1* | *Start* | *Xp1 → Xp2* |
| *Ps2* | *"* | *Xp2 → Xp1* |
| *Xm-, Xmo, Xm+* | *Zustände des Antriebs* | |
| *Xp1, Xp2* | *Grenzpositionen* | |

Jetzt wollen wir ein System mit zwei Freiheitsgraden behandeln, einen für den Transport entlang der X-Achse mit den Positionen Xp1 und Xp2 und den anderen für das Schliessen und Öffnen eines Greifers (G-Achse mit den Positionen Gp1 (offen) und Gp2 (geschlossen). Das kinetische Programm steuert die folgenden Phasen. Es wird vorausgesetzt, dass beim Start das System die Positionen Xp1 und Gp1 einnimmt.

| | | |
|---|---|---|
| Phase | 1 | Schliessen des Greifers |
| " | 2 | Transport nach Xp2 |
| " | 3 | Öffnen des Greifers |
| " | 4 | Transport nach Xp1 |

Bild VI-15 zeigt das Netz. Wir benötigen zwei Komponenten für die Antriebe Gm (Greifer) und Xm (Transport), jede mit drei Zuständen und fünf Transitionen t1 bis t5 für die Darstellung des sequentiellen Prozesses. Wir bekommen einen besseren Überblick, wenn wir das Netz in der Art von Bild VI-16 darstellen.

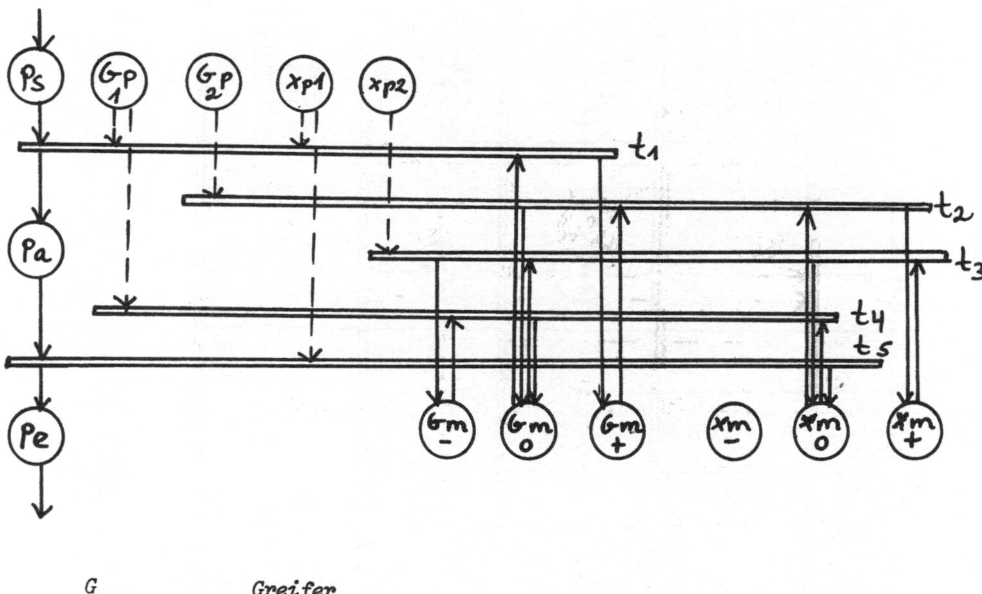


Bild VI-15

| | |
|---|---|
| G | Greifer |
| Gp1 | offen |
| Gp2 | geschlossen |
| X | Transport |
| Xp1, Xp2 | Positionen |
| Gm | Antrieb des Greifers |
| Xm | Antrieb des Transportes |

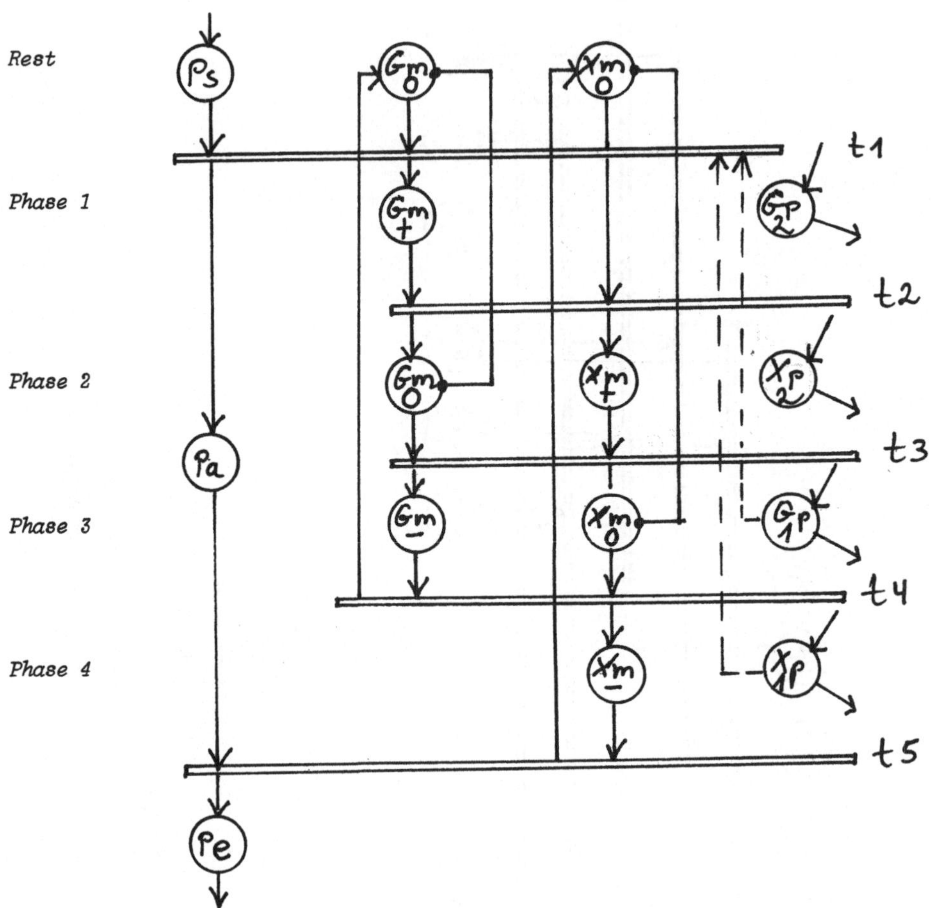


Bild VI-16

*Variante des Netzes von Bild VI-15 mit einem besseren Überblick über die aufeinanderfolgenden Phasen des Prozesses. Die Plätze Gmo und Xmo sind doppelt dargestellt.*

Aber jetzt sind die Plätze Gmo und Xmo je durch zwei Kreise dargestellt, welche durch eine Linie gekoppelt sind. Wir können das vermeiden, wenn wir die Zustände Gmo und Xmo im Netz fort lassen, wodurch die Komponente auf zw Plätze reduziert werden (Bild VI-17).

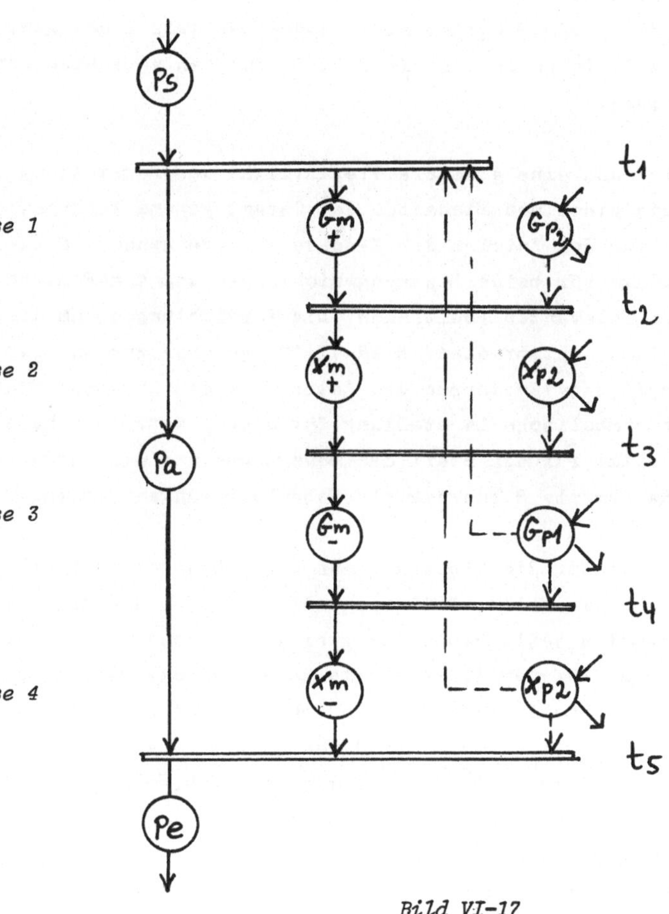


*Bild VI-17*

*Variante des Netzes nach Bild VI-15 und Bild VI-16. Nur die relevanten Zustände der Antriebe (Gm+, Gm-, Xm+, Xm-) sind dargestellt.*

## VI3) Zusammengesetzte Systeme

### VI3.1) Systeme mit Achsen ohne Zwischenstellungen

Die meisten in der Praxis verwendeten Systeme sind wesentlich komplexer aufgebaut. Sie haben mehr Freiheitsgrade und werden durch verschiedene wählbare Programme gesteuert, welche dieselben Antriebe steuern. Bei der oben beschriebenen Methode würden wir für jedes Programm ein gesondertes Netz benötigen. Abgesehen davon würden die Zustände der Antriebe (z.B. Xm+) an verschiedenen Stellen des Netzes erscheinen.

Um einen besseren Überblick und eine grössere Flexibilität der Darstellung zu erhalten, wollen wir die einzelnen Einheiten des Gesamtsystems trennen. Bild VI-18 zeigt das Netz für den Antrieb der X-Achse entsprechend Bild VI-7 mit den Zuständen Xm+ und Xm- für beide Bewegungsrichtungen und den Plätzen Xp1 und Xp2 für die beiden relevanten Positionen. Die Vorrichtungen, um diese Positionsglieder einzustellen,(entsprechend Bild VI-12) gehören zur Antriebseinheit. Die Transitionen t1 und t2 stoppen den Antrieb an den Grenzpositionen. Bild VI-19 zeigt die symbolische Darstellung für dieses Netz. Wir haben die Eingabe-Plätze Xm- und Xm+ für den Start der Bewegungen und die Ausgabe-Plätze Xp1 und Xp2, welche für die Steuerung als Nebenbedingungen wirken.

Wir bauen ein getrenntes Netz für die Steuerung auf und führen einen Platz für jede Phase des Prozesses ein. Bild VI-20 zeigt das Netz für die Aufgabe von Bild VI-17. Auf der rechten Seite haben wir zwei symbolische Darstellungen für die Antriebe G und X. Auf der linken Seite haben wir das getrennte Steuerungsnetz mit den Phasen Pho für die Ruhe und Ph1 bis Ph4 für die Bewegungen. Die Plätze Ps, Pa und Pe entsprechen denen in Bild VI-17. Auf der rechten Seite der Transitionen haben wir die Position der Achsen als Nebenbedingungen und die Pfeile, welche die Antriebe starten.

Bild VI-21 zeigt ein Handhabungssystem mit drei Freiheitsgraden in schematischer Darstellung mit den folgenden Teilen:

| | |
|---|---|
| HGW | horizontale Achse |
| VGW | vertikale Achse |
| Sl | Schlitten |
| Gr | Greifer |
| Wp | Werkstück |
| D1, D2 | Depot 1 und 2 |

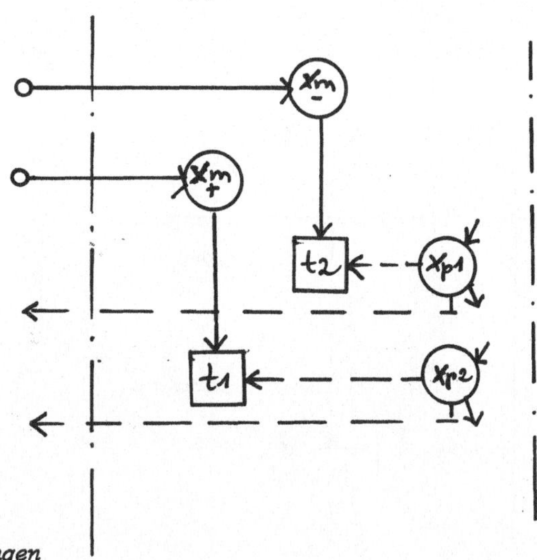


*Bild VI-18*
*Netz für den Antrieb der x-Achse (Verschiebungen entsprechend den vorhergehenden Bildern).*

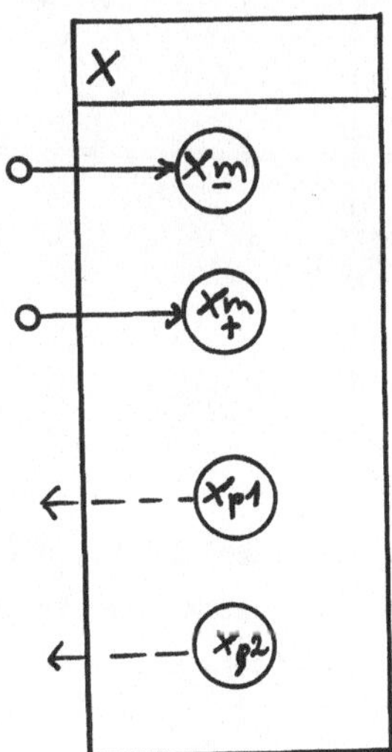


*Bild VI-19*
*Symbolische Darstellung für das Netz von Bild VI-18.*

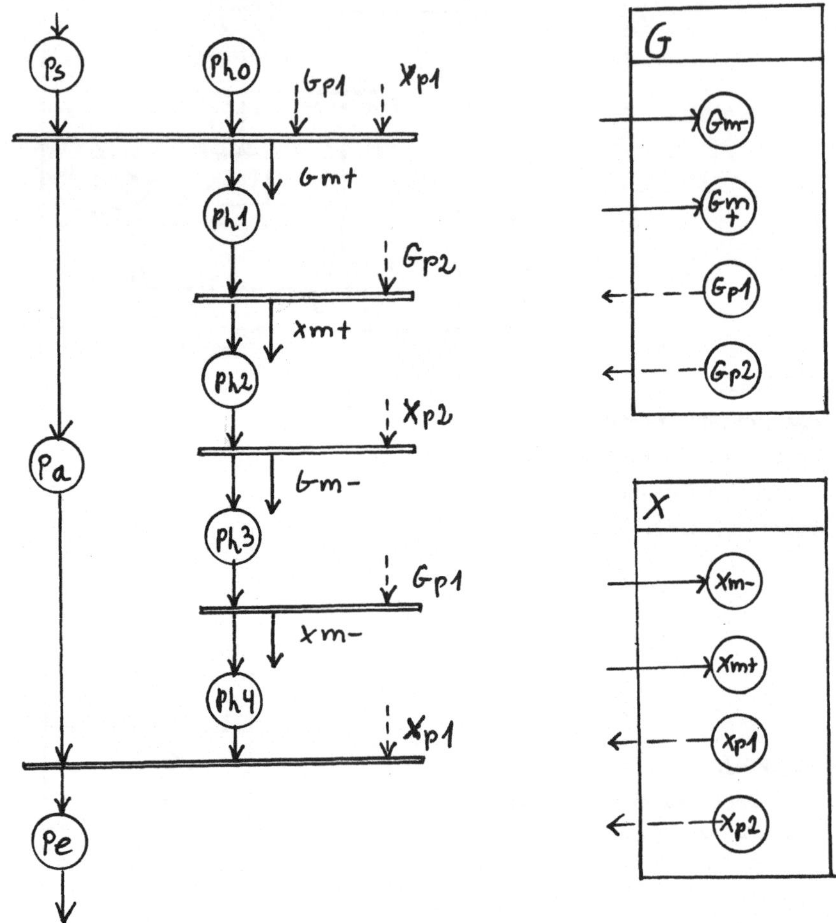


*Bild VI-20*

***Netz entsprechend Bild VI-17. Antriebe sind entsprechend Bild VI-19 dargestellt. Das Steuerungsnetz enthält besondere Plätze für die Phasen o bis 4.***

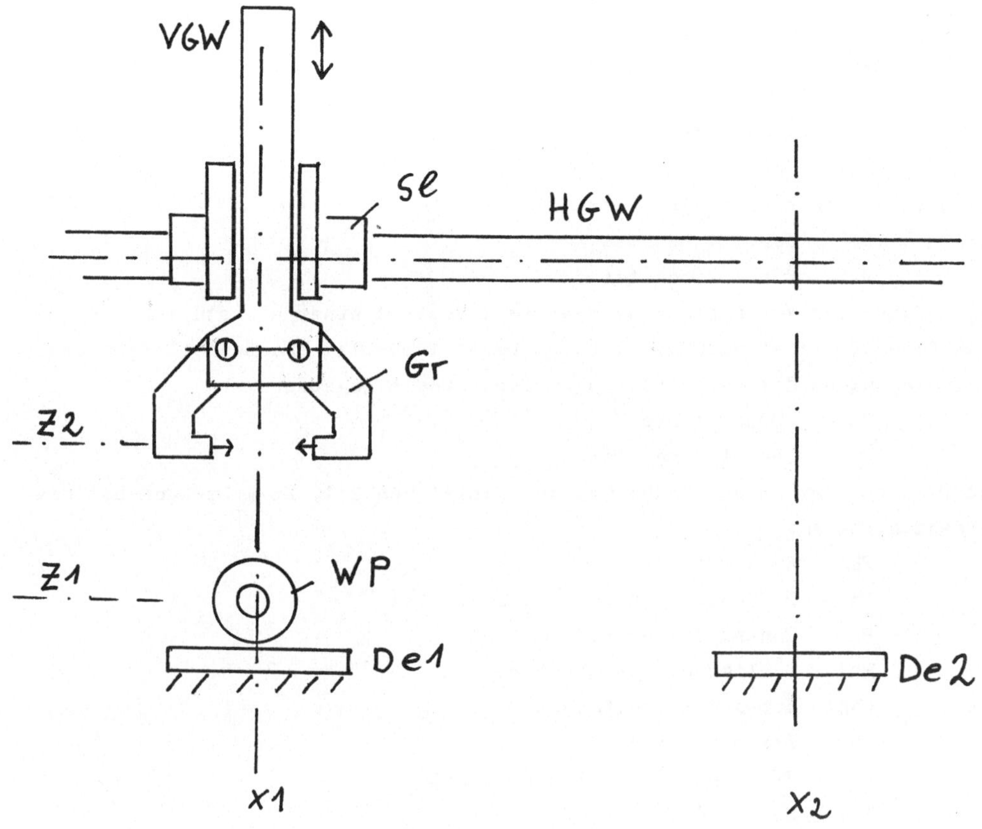


*Bild VI-21*

*Handhabungssysteme mit drei Achsen Gm, Xm, Zm. Es sind zwei Depots D1 und D2 für das Werkstück Wp vorhanden.*

Wir haben drei Antriebe G, X und Z mit den ausgezeichneten Positionen:

| | |
|---|---|
| Gp1 | Greifer offen |
| Gp2 | Greifer geschlossen |
| Xp1 | Schlitten in linker Stellung |
| Xp2 | Schlitten in rechter Stellung |
| Zp1 | Greifer unten |
| Zp2 | Greifer oben |

Die Motoren für die Antriebe sind in Bild VI-21 nicht gezeigt. Sie haben die Zustände

Gm-, (Gmo), Gm+
Xm-, (Xmo), Xm+
Zm-, (Zmo), Zm+

Die beiden Depots haben die Zustände

D1 Depot 1 besetzt
D2 Depot 2 besetzt

Die Aufgabe der Vorrichtung besteht im Transport eines Werkstückes von Depot 1 nach Depot 2. Dabei wird geprüft, ob Depot 1 besetzt und Depot 2 frei ist. Wenn dies nicht der Fall ist, so werden Signale gegeben:

Pm1 "Depot 1 frei"
Pm2 "Depot 2 besetzt"

Der Prozess beginnt und endet mit den Positionen Gp1, Xp1, Zp2 und hat die folgenden Phasen:

Pho Ruhe
Ph1 Prüfung, ob Depot 1 besetzt ist
Ph2 Senken des Greifers
Ph3 Schliessen des Greifers
Ph4 Heben des Greifers
Ph5 Transport nach rechts
Ph6 Prüfung, ob Depot 2 frei ist
Ph7 Senken des Greifers
Ph8 Öffnen des Greifers
Ph10 Transport nach links

Bild VI-22 zeigt das Netz. Die symbolischen Darstellungen für die Antriebe G, X und Z sind fortgelassen. Sie entsprechen Bild VI-20. Vergleicht man die Netze von Bild VI-20 und VI-22, so findet man in Bild VI-22 zwei Alternativen (t2, t3) und (t8, t9). Sie sind kritisch, weil das Belegen von Depot 1 und das Freimachen von Depot 2 unabhängig von dem betrachteten Prozess ist. Z.B. kann Depot 1 gerade in dem Moment belegt werden, wenn die Prüf-Phase 1 im Begriff ist, das Signal Pm1 "nicht besetzt" zu geben.

VI3.2) <u>Achsen mit mehreren relevanten Positionen (Zwischenstellungen)</u>

Bei den in den vorigen Abschnitten besprochenen Beispielen sind in den verschiedenen Achsen nur je zwei Grenzstellungen relevant (z.B. Xp1 und Xp2 in Bild VI-7). Es gibt jedoch auch Systeme, bei denen mehrere Positionen auf einer oder mehreren Achsen in gemischter Reihenfolge angesteuert werden müssen.

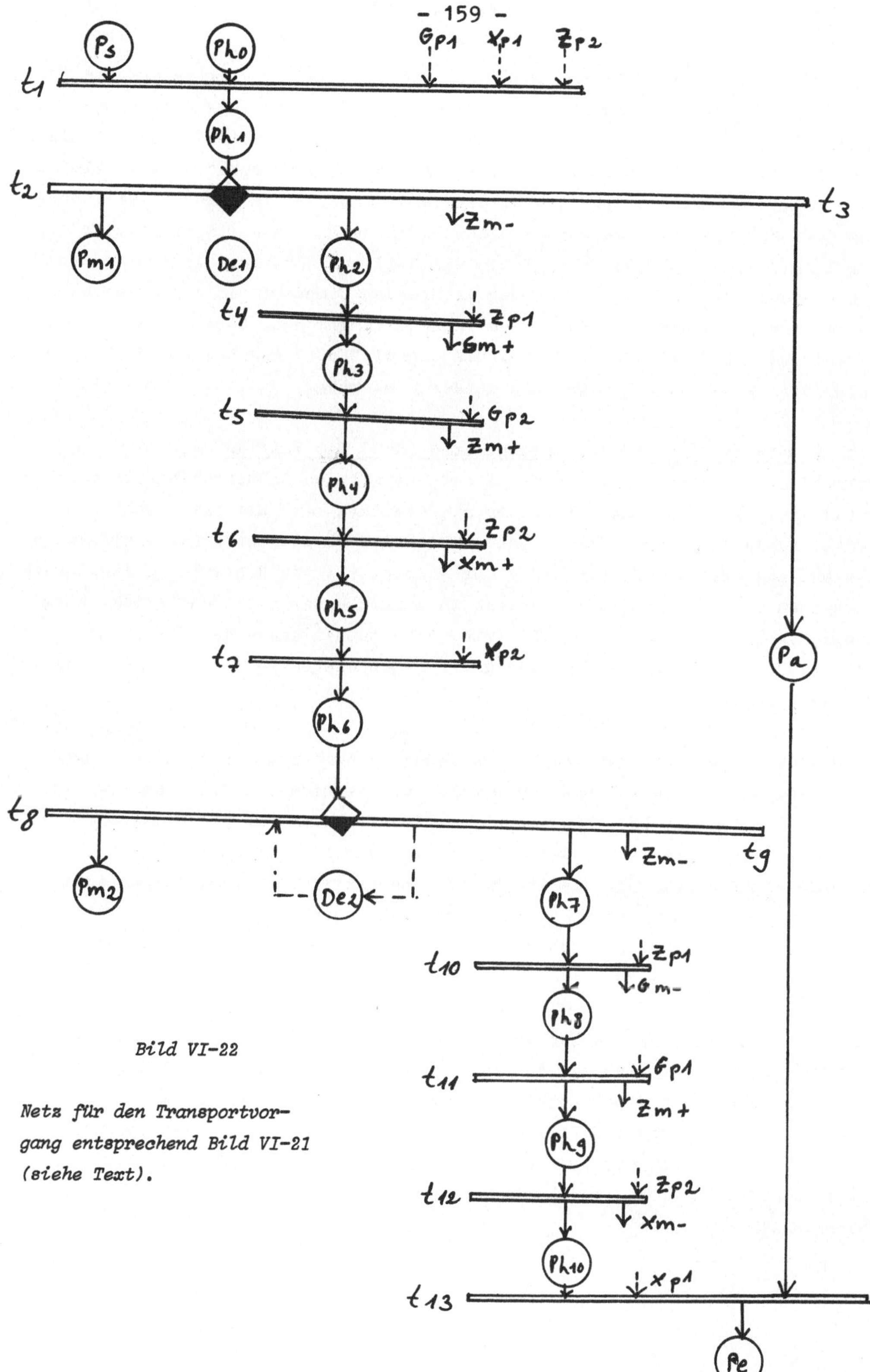


*Bild VI-22*

*Netz für den Transportvorgang entsprechend Bild VI-21 (siehe Text).*

Bild VI-23 zeigt das Netz für eine solche Steuerung mit vier relevanten Positionen einer Achse. Ausser den Plätzen Xm+ und Xm- für das Starten des Antriebs in den beiden Richtungen haben wir als Eingabe die Plätze Xt1 bis Xt4 (X = target X = Soll). Die Plätze Xp1 bis Xp4 entsprechen Bild VI-18. Es wird vorausgesetzt, dass die Steuerung den Antrieb in der zur Erreichung der Soll-Position entsprechenden Richtung in Gang setzt. Die Ermittlung dieser Richtung erfolgt durch Vergleich von Soll- und Ist-Position am besten durch einen zur zentralen Steuerung gehörenden Computer. In der Steuerung werden die Soll- und Ist-Positionen laufend verglichen. Sobald das Ziel erreicht ist, wird über den Platz Pe das Signal "Ende" gegeben. Bild VI-24 zeigt die symbolische Darstellung dieser Steuerung.

### VI3.3) Beispiel für ein Handhabungsgerät (HHG) mit fünf Achsen

Bild VI-25 zeigt ein HHG, wie es in automatisierten Betrieben häufig angewandt wird. Das Gerät hat einen Arm mit Greifern. Der Arm ist sowohl in der Radial-Achse X als auch in der Schwenk-Achse Y verstellbar. Das Greifsystem besteht aus zwei Greifern F und G für Fertigteile und Rohteile. Dieses Greifersystem ist um die Z-Achse, welche in Richtung der radialen Verschiebung liegt, drehbar (Wende-Achse). Die vier Arbeitsstellungen der Wendeachse zeigt Bild VI-26. Das Greifersystem ist dabei gegen die Schwenk-Achse X (Arm des Gerätes) gesehen.

Bild VI-27 zeigt, wie das HHG zur Bedienung einer Werkzeugmaschine eingesetzt werden kann. Wir haben die Plätze für die Magazine der Rohteile Ps5 und der Fertigteile Ps7. Hier kann jeweils ein Werkstück durch die Greifer entnommen bzw. abgelegt werden. Die Werkzeugmaschine WM kann jeweils ein Werkstück aufnehmen, welches durch eine Spannvorrichtung Wsp eingespannt wird. Es ist ferner eine Schutztür vorhanden, welche während des Arbeitens der Werkzeugmaschine geschlossen sein und zwecks Wechselns des Werkstückes geöffnet werden muss.

Das HHG nimmt während des Bedienungsvorgangs eine Reihe von Positionen Ps1 bis Ps7 ein, welche sich auf den Bezugspunkt B (siehe Bild VI-25) beziehen. Im allgemeinen wird die Bearbeitung des Werkstückes länger dauern, als die Transportvorgänge des HHG. Dieses befindet sich dann in der Warteposition Ps3. Dabei nimmt das Greifersystem die Position Zp2 ein. Der Greifer F ist offen und der Greifer G geschlossen, wobei er das zu bearbeitende Rohteil bereithält.

Bild VI-23

Netz für die Steuerung einer Achse mit mehreren ausgezeichneten Positionen Xp1 bis Xp4 mit Soll-Positionen Xt1 bis Xt4 (x = target) und Endsignal Xe ("Position erreicht").

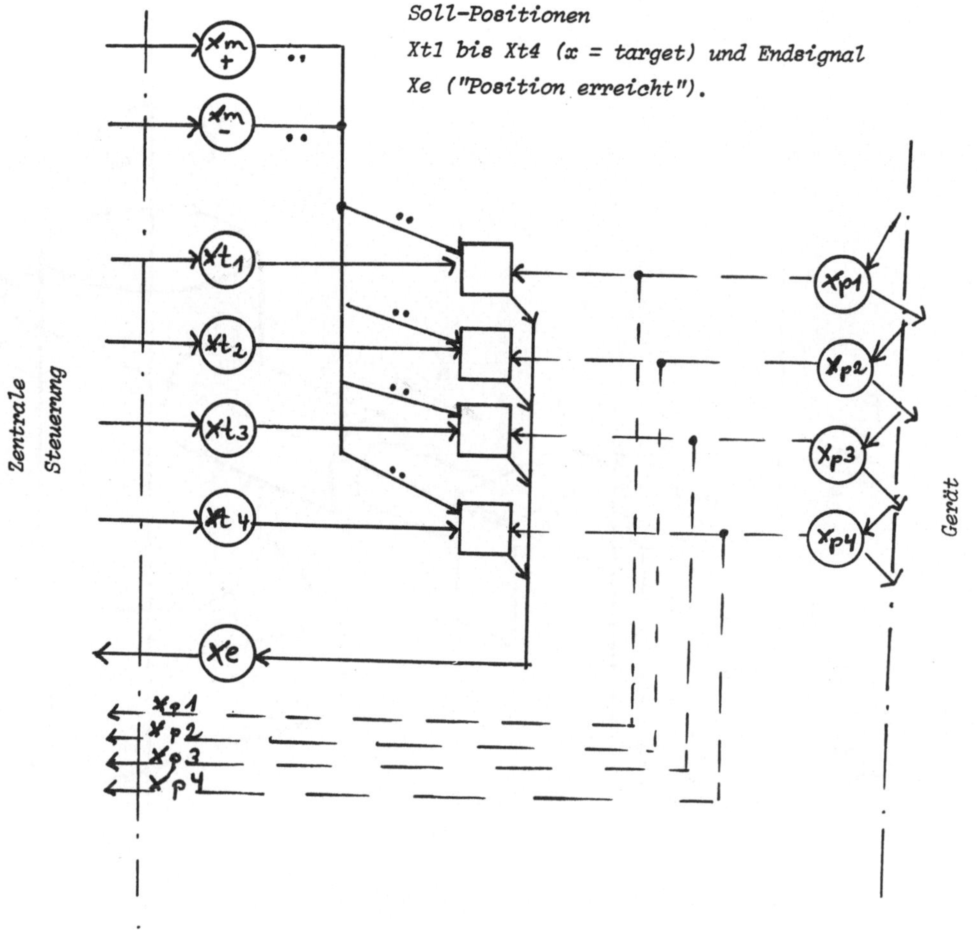

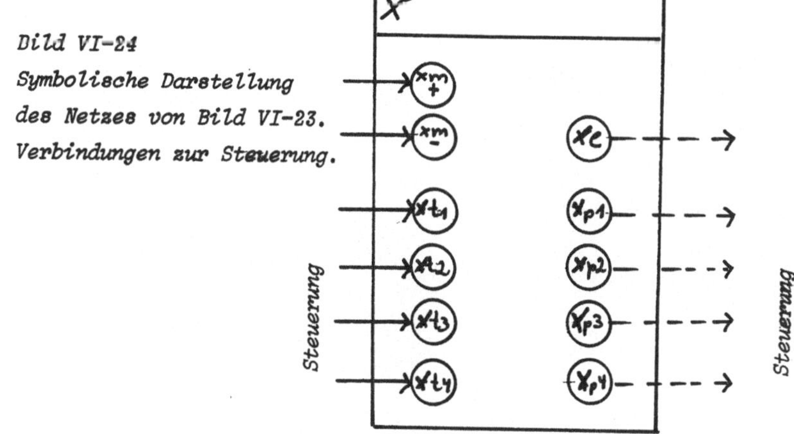


Bild VI-24
Symbolische Darstellung des Netzes von Bild VI-23. Verbindungen zur Steuerung.

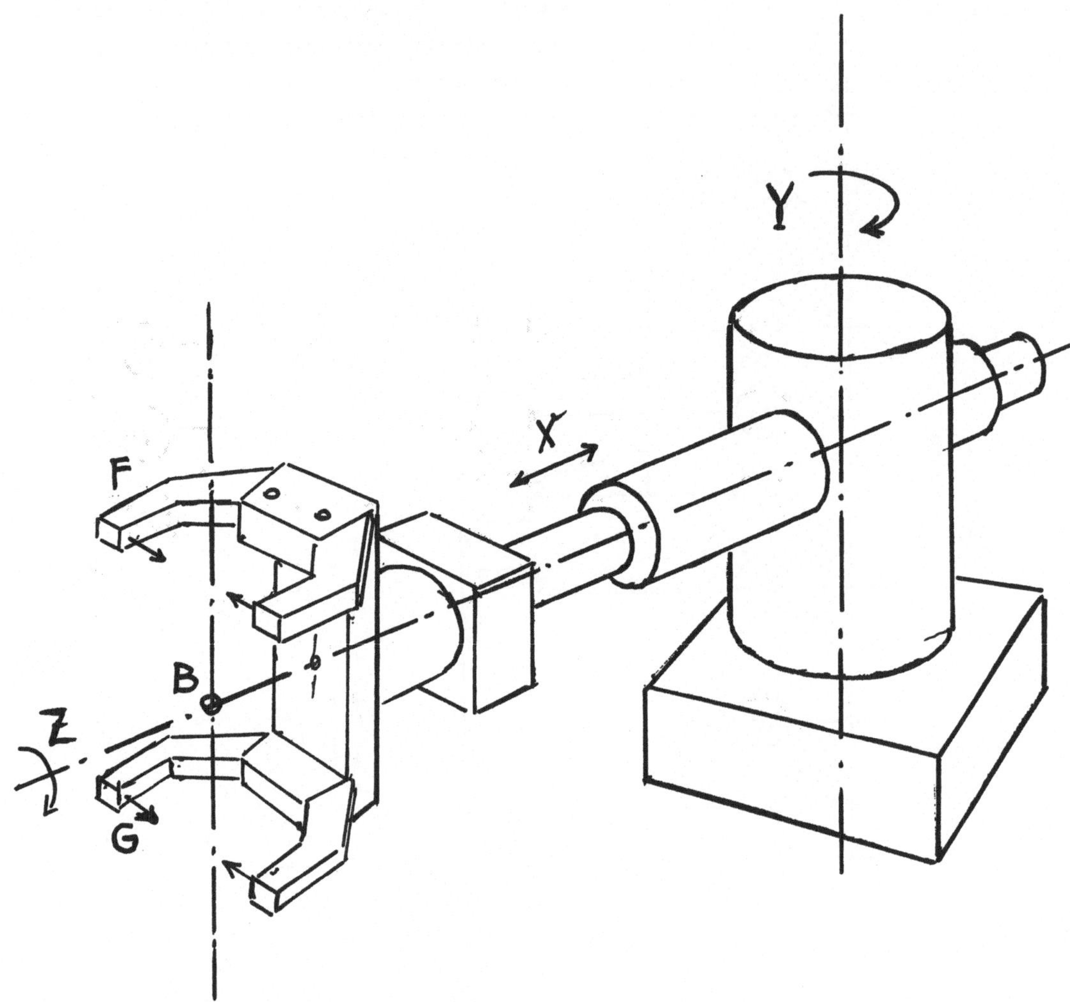


*Bild VI-25*

*Handhabungsgerät (HHG) mit 5 Achsen*

| | | |
|---|---|---|
| *X* | *Radialachse* | *für die Positionierung* |
| *Y* | *Schwenkachse* | |
| *Z* | *Wende-Achse für das Greifsystem* | |
| *F* | *Greifer für Fertigteile* | |
| *G* | *Greifer für Rohteile* | |
| *B* | *Bezugspunkt* | |

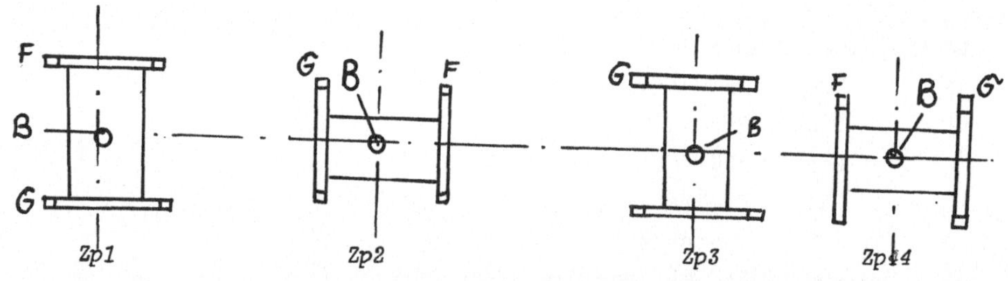


*Bild VI-26*

*Steuerungen des Greifsystems (Wende-Achse) gegen die Radial-Achse X gesehen.*

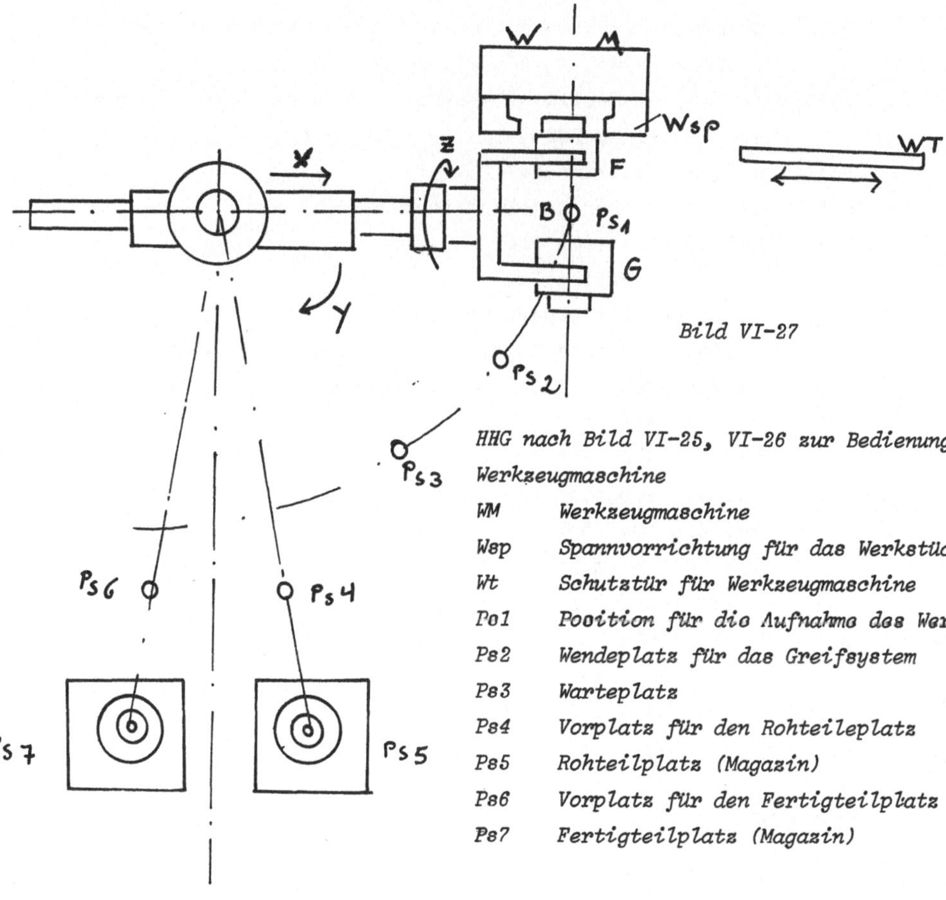

*Bild VI-27*

*HHG nach Bild VI-25, VI-26 zur Bedienung einer Werkzeugmaschine*

| | |
|---|---|
| WM | Werkzeugmaschine |
| Wsp | Spannvorrichtung für das Werkstück |
| Wt | Schutztür für Werkzeugmaschine |
| Ps1 | Position für die Aufnahme des Werkstücks |
| Ps2 | Wendeplatz für das Greifsystem |
| Ps3 | Warteplatz |
| Ps4 | Vorplatz für den Rohteileplatz |
| Ps5 | Rohteilplatz (Magazin) |
| Ps6 | Vorplatz für den Fertigteilplatz |
| Ps7 | Fertigteilplatz (Magazin) |

Die einzelnen Phasen der Bewegung sind folgende:

| | |
|---|---|
| Ph1 | Wartestellung in Position Ps3 |
| Ph2 | Schutztür öffnen |
| Ph3 | HHG auf Position Ps1 |
| Ph4 | Greifer F (Fertigteil) schliessen |
| Ph5 | Spannung des Werkstücks lösen |
| Ph6 | HHG auf Position Ps2 |
| Ph7 | Greifersystem wenden auf Position Zp4 |
| Ph8 | HHG auf Position Ps1 |
| Ph9 | Werkstück spannen |
| Ph10 | Greifer G (Rohteil) öffnen |
| Ph11 | HHG auf Position Ps6,<br>Greifersystem wenden auf Position Zp3 |
| Ph12 | Schutztür schliessen, anschliessend Werkzeugmaschine in Gang setzen |
| Ph13 | Prüfen, ob Fertigteil-Magazin (Ps7) aufnahmefähig; wenn nicht Meldung Pm2 |
| Ph14 | HHG auf Position Ps7 |
| Ph15 | Greifer F (Fertigteil öffnen) |
| Ph16 | HHG auf Position Ps6 |
| Ph17 | HHG auf Position Ps4<br>Greifersystem wenden auf Position Zp1 |
| Ph18 | Prüfen, ob Rohteile vorhanden (Ps5); wenn nicht Meldung Pm1 |
| Ph19 | HHG auf Position Ps5 |
| Ph20 | Greifer G schliessen (Rohteil) |
| Ph21 | HHG auf Position Ps4 |
| Ph22 | HHG auf Position Ps3<br>Greifersystem wenden auf Position Zp2 |

Wir haben für die drei Achsen des HHG folgende Plätze im Netz:
(siehe Bild VI-28, VI-26, VI-23)

| | | |
|---|---|---|
| X-Achse | Xm+, Xm- | Antrieb |
| | Xt1, Xt2, Xt3 | Soll-Positionen |
| | Xp1, Xp2, Xp3 | Ist-Positionen |
| | Xe | Soll-Position erreicht |
| Y-Achse | Ym+, Ym- | Antrieb |
| | Yt1, Yt2, Yt3, Yt4, Yt5 | Soll-Positionen |
| | Yp1, Yp2, Yp3, Yp4, Yp5 | Ist-Positionen |
| | Ye | Soll-Position erreicht |

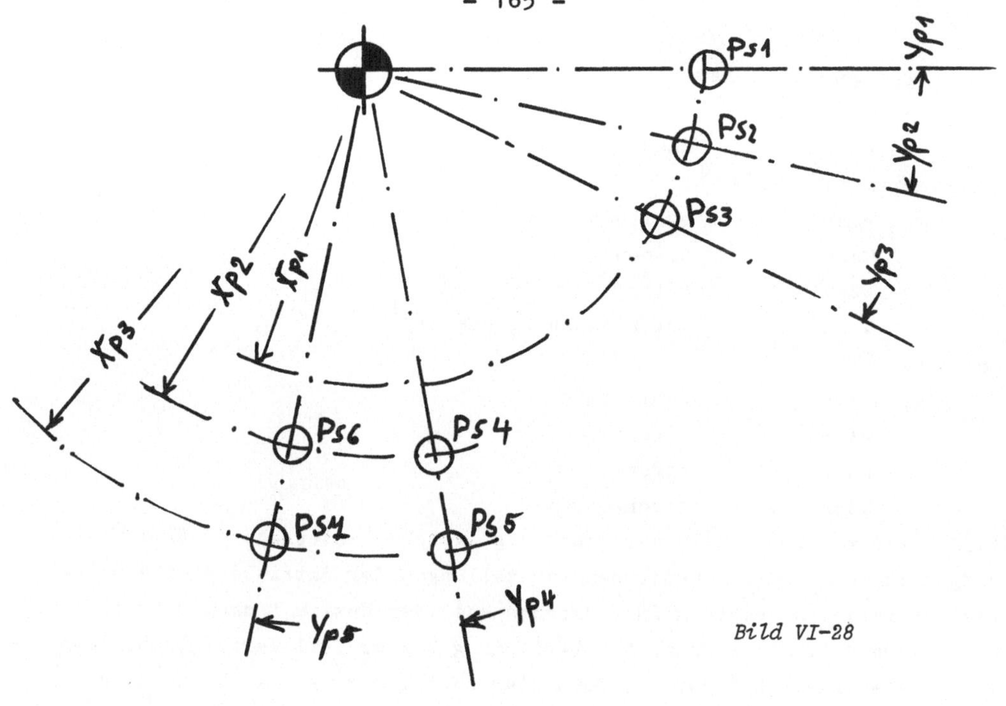


*Bild VI-28*

*Koordinaten der Positionen des HHG.*

| | | |
|---|---|---|
| Z-Achse | Zm+, Zm- | Antrieb |
| | Zt1, Zt2, Zt3, Zt4 | Soll-Position |
| | Zp1, Zp2, Zp3, Zp4 | Ist-Position |
| | Ze | Soll-Position erreicht |
| Greifersystem | Fm+ | Greifer F schliessen |
| | Fm- | Greifer F öffnen |
| | Fp1 | Greifer F offen |
| | Fp2 | Greifer F geschlossen |
| | Gm+ | Greifer G schliessen |
| | Gm- | Greifer G öffnen |
| | Gp1 | Greifer G offen |
| | Gp2 | Greifer G geschlossen |
| Magazine | Mg1 | Rohteil-Magazin belegt |
| | Mg2 | Fertigteil-Magazin voll |
| | Pm1 | Meldung Rohteil fehlt |
| | Pm2 | Meldung Fertigteil-Magazin voll |

Die Werkzeugmaschine hat die Komponenten:

Arbeitsantrieb

| | |
|---|---|
| Wa = | Maschine läuft |

Spannvorrichtung Ws

| | |
|---|---|
| Wsm+ | schliessen (spannen) |
| Wsm- | öffnen |
| Wsp1 | offen |
| Wsp2 | geschlossen (gespannt) |

Schutztür Wt

| | |
|---|---|
| Wtm+ | schliessen |
| Wtm- | öffnen |
| Wtp1 | offen |
| Wtp2 | geschlossen |

Bild VI-29 zeigt das Netz der Steuerung, welches entsprechend Bild VI-22 aufgebaut ist. Die schematischen Darstellungen der Antriebe sind dabei wieder fortgelassen. Wegen seines Umfangs muss das Netz auf zwei Blätter VI-29a und VI-29b verteilt werden. Die Verbindung beider Teile erfolgt über gemeinsame Plätze Ph1, Ph11 und Pa. Beim Starten der Antriebe X, Y und Z muss jeweils die Antriebsrichtung und die Soll-Position angegeben werden (z.B. bei Ph3: Ym-, Yt1). In den Phasen Ph11, Ph16 und Ph21 können Bewegungen in mehreren Achsen parallel durchgeführt werden. Sie werden gemeinsam gestartet und können zu verschiedenen Zeiten beendet sein. Daher muss für das Umschalten auf die nächste Phase für jede der betroffenen Achsen das Endsignal gegeben werden (Xe, Ye oder Ze).

Bei Ph13 und Ph18 haben wir wieder kritische Alternativen, welche entweder eins der Signale Pm1 oder Pm2 nach aussen geben oder auf die nächste Phase fort schalten. Im Unterschied zu Bild VI-22 wirkt die Phase Ph13 bzw. Ph18 auf die linke Transition der Alternative nur als Nebenbedingung. Die Prüfphase bleibt also auch nach Schalten der Meldung Pm2 bzw. Pm1 bestehen. Die Fortschaltung auf die Phase Ph14 bzw. Ph19 erfolgt, sobald die Zustände der Magazine es erlauben. Dann muss allerdings eine eventuell vorher gegebene Meldung Pm2 bzw. Pm1 zurückgenommen werden, was durch besondere Transitionen und disjunktive Schaltpfeile erfolgt. Der Zyklus hat also ausser der normalen Wartephase Ph1 noch die Phasen Ph13 und Ph18, bei denen der Prozess möglicherweise ruht. Die Phasen Ph12 und Ph13 sind nebenläufig, d.h. sie werden gemeinsam gestartet, jedoch unabhängig voneinander beendet.

Der durch das Netz von Bild VI-29 beschriebene Prozess ist zyklisch. Es fehlen die Steuerungen für den Start und das Auslaufen des Prozesses. Im allge-

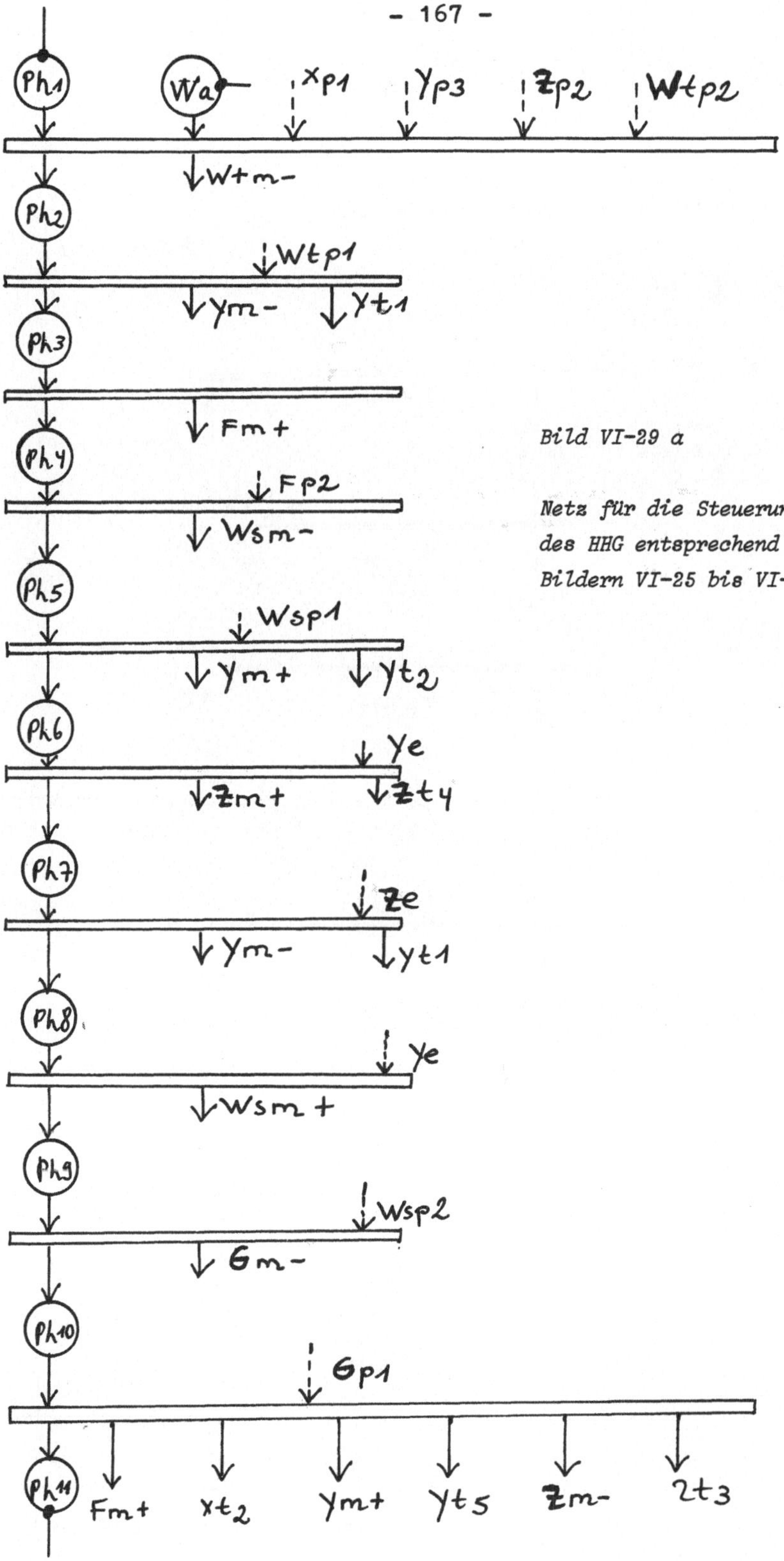

*Bild VI-29 a*

*Netz für die Steuerung des HHG entsprechend den Bildern VI-25 bis VI-28*

Ph11
xe
ye
Ze
Wtm+
Ph12
Wtp2
Wa
Ph13
xm+
xt3
Pm2
Mg2
Ph14
xe
Fm-
Ph15
Fp1
xm-
xt2
Ph16
xe
ym-
yt4
Zm+
Zt1
Ph17
ye
Ze
Ph18
xm+
xt3
Pm1
Mg1
Ph19
xe
Gm+
Ph20
Gp2
xm-
xt2
Ph21
xe
Ph22
xm-
xt1
ym-
yt2
Zm+
Zt2
xe
ye
Z2
Ph1

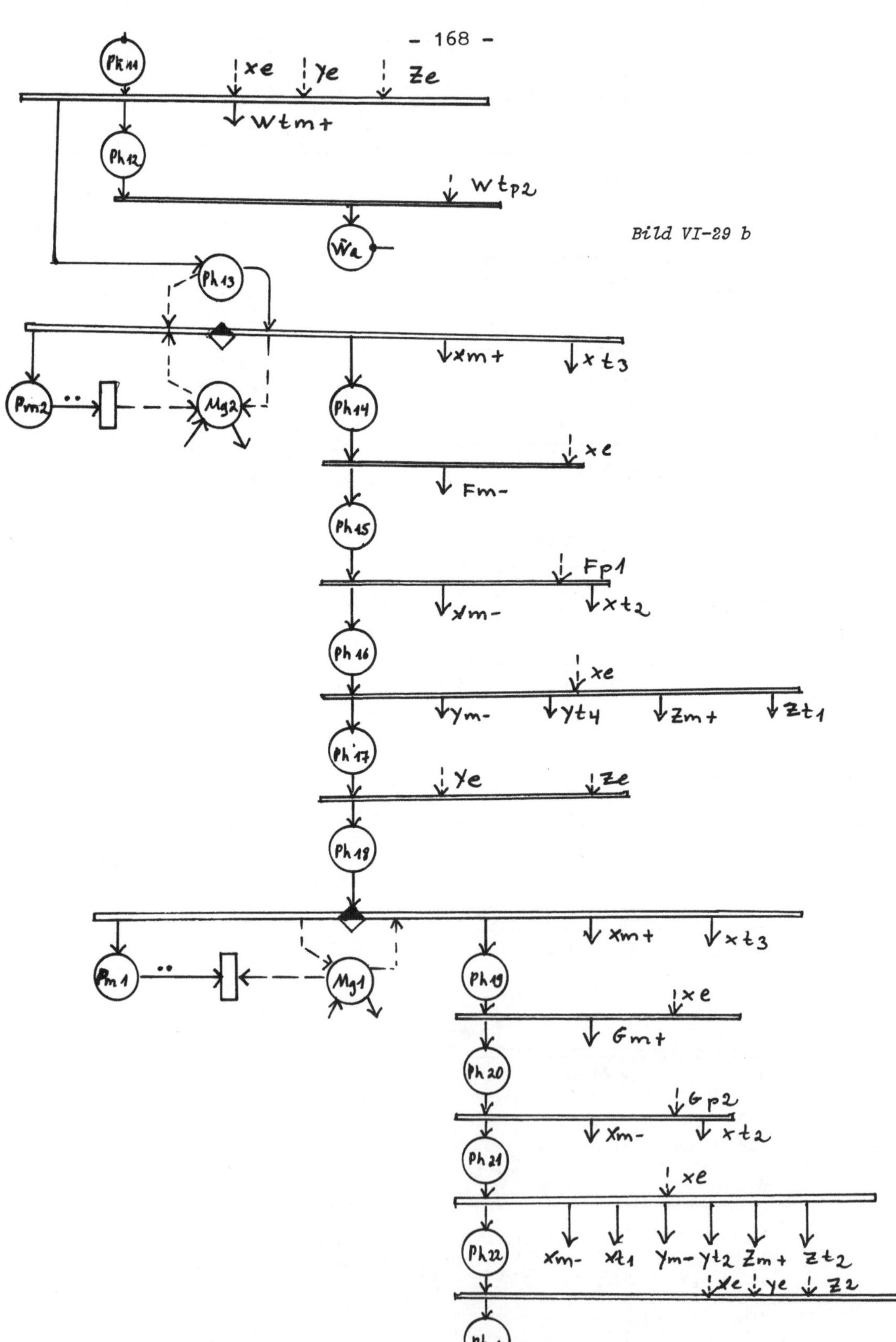

*Bild VI-29 b*

meinen wird die Bearbeitung einer vorgegebenen Stückzahl (Los) gefordert. Beim Start ist kein Fertigteil in der Werkzeugmaschine. Es entfällt daher für den ersten Zyklus die Entnahme des Fertigteils aus der Maschine. Entsprechend entfällt bei Beendigung des Prozesses die Zuführung eines neuen Rohteiles in die Werkzeugmaschine. Das zugehörige Netz enthält gegenüber Bild VI-29 einige zusätzliche Verzweigungen. Auf seine Darstellung wird jedoch in dieser Arbeit verzichtet.

## VI4) Unterbrechung (Interrupt)

Bei technischen Systemen, die teilweise oder voll automatisch arbeiten, sind Massnahmen für die Sicherheit erforderlich. So kann z.B. eine Art Notbremse vorgesehen sein, um bei Gefahr den gesamten Prozess augenblicklich zu stoppen. Das Netz von Bild VI-30 zeigt ein solches System für einen Antrieb X.

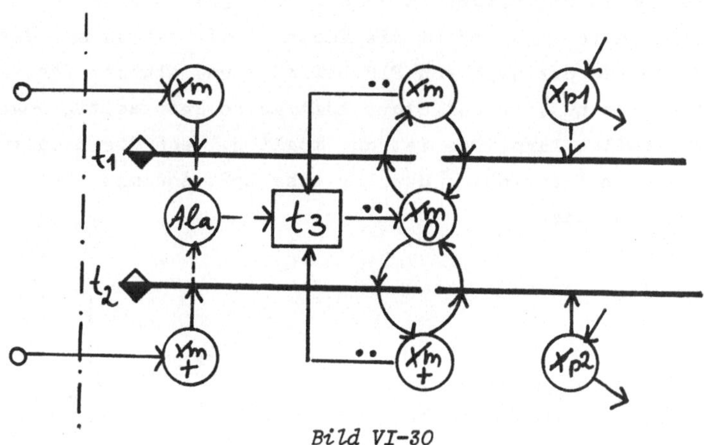


*Bild VI-30*

*Netz für einen Antrieb mit einem Alarmsystem*

| | |
|---|---|
| *Xm-, Xmo, Xm* | *Bewegungszustände des Antriebs* |
| *Xn-, Xn* | *vorbereitende Plätze für den Start der Bewegung* |
| *Xp1, Xp2* | *Positionen* |
| *Ala* | *"Alarm"* |

*Bei Alarm wird der Start des Antriebs verhindert oder eine bereits laufende Bewegung augenblicklich gestoppt.*

Wir haben die bereits eingeführten Zustände für den Antrieb Xm-, Xmo und Xm+ und die Plätze für die relevanten Positionen Xp1 und Xp2. Zusätzlich haben wir die Plätze Ala mit der Bedeutung "Alarm" und die beiden vorbereitenden Plätze Xn- und Xn+. Über diese Plätze und die beiden Transitionen t1 und t2 wird der Antrieb gestartet. t1 und t2 müssen Signalakzeptoren sein, weil das Signal "Alarm" zu jedem beliebigen Zeitpunkt gegeben werden kann. In diesem Falle bleibt der Antrieb im Zustand Xmo (Ruhe). Läuft der Antrieb jedoch bereits (Xm- oder Xm+), so muss er augenblicklich still gesetzt werden. Die Transition t3 löscht Xm- oder Xm+ und schaltet durch Nebeneffekt den Antrieb auf Xmo. Der Platz Ala ist eine Nebenbedingung für t3; denn er behält seinen Zustand bis er von aussen her gelöscht wird.

VI5) <u>Fahrstuhlsteuerung</u>

Die Bilder VI-31 bis VI-35 zeigen einen Auszug aus einer Fahrstuhlsteuerung, nämlich das Stoppen eines abwärts fahrenden Korbes durch einen Fahrgast. Bild VI-31 gibt einen Überblick. In Stockwerk 2 (Fl2 = Floor 2) möchte ein Fahrgast abwärts fahren und drückt die Taste T. Wir nehmen an, dass der Korb (C = car) sich gerade oberhalb von Fl2 befindet und abwärts fährt. Die entscheidende Frage ist nun, ob der Stopp-Auftrag so rechtzeitig gegeben wird, dass der Korb anhalten kann. Das ist nur möglich, wenn die Steuerung das gegebene Signal beim Durchfahren des Bereichs Zp21 annimmt. Unterhalb wäre die Bremsstrecke zu kurz.

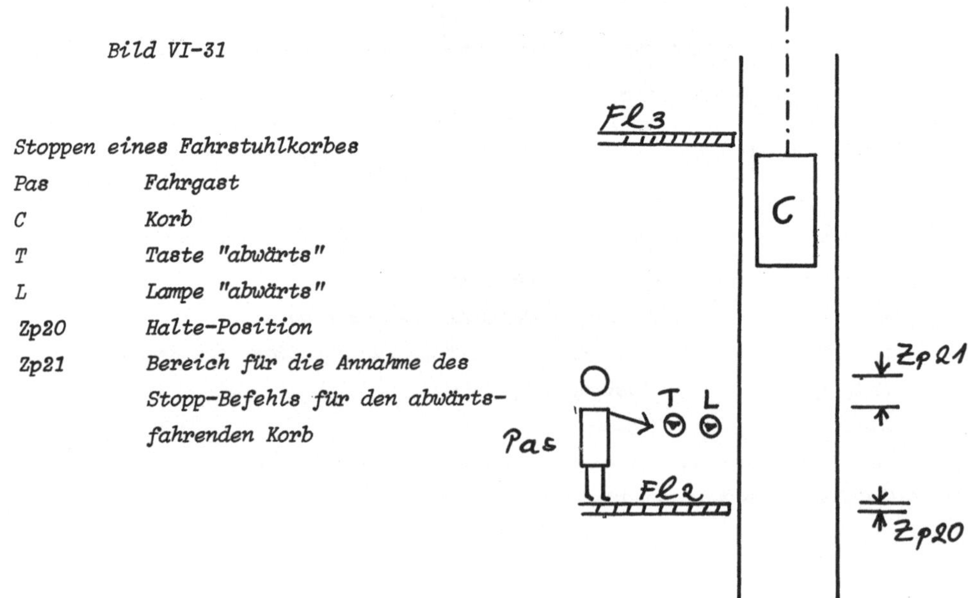


*Bild VI-31*

*Stoppen eines Fahrstuhlkorbes*

| | |
|---|---|
| *Pas* | *Fahrgast* |
| *C* | *Korb* |
| *T* | *Taste "abwärts"* |
| *L* | *Lampe "abwärts"* |
| *Zp20* | *Halte-Position* |
| *Zp21* | *Bereich für die Annahme des Stopp-Befehls für den abwärtsfahrenden Korb* |

Wir teilen das System in drei Einheiten Ph, Zp und Zm auf. (Bild VI-35). Bild VI-32 zeigt das Positionsmelde-System Zp, welche die relevanten Positionen des Korbes bezogen auf seine Bodenfläche angibt. Wir haben die Stockwerke Flo bis F13 und benötigen zunächst für jedes die Anzeige des Bereichs, innerhalb dessen der Korb anhalten darf (Zpo, Zp10, Zp20, Zp30). Aber diese Spezialisierung auf die einzelnen Stockwerke ist nur für die Steuerung der Türen von Bedeutung, die hier nicht besprochen wird. Für den Antrieb des Korbes benötigen wir nur die allgemeine Information, dass der Korb sich bei einem beliebigen Stockwerk in der richtigen Halte-Position befindet, was durch Platz Zps angezeigt wird entsprechend der Disjunktion

$$Zpo \vee Zp10 \vee Zp20 \vee Zp30 =: Zps$$

In diesem Falle brauchen wir keine disjunktiven Schaltpfeile, weil höchstens einer dieser Plätze markiert sein kann (der Korb kann sich nie in mehreren Stockwerken zugleich befinden). Für die Annahme des Stopp-Befehls für den aufwärts fahrenden Korb brauchen wir die Angeige der Positionen Zp9, Zp19 und Zp29, und für den abwärts fahrenden Korb die Positionen Zp1, Zp11, und Zp21. Bild VI-33 zeigt die Antriebseinheit Zm. Wir haben 3 vorbereitende Plätze

| | |
|---|---|
| Zn+ | Aufwärtsfahrt |
| Zno | Stillstand |
| Zn- | Abwärtsfahrt |

Wir müssen zwischen der befohlenen und der tatsächlichen Geschwindigkeit des Korbes unterscheiden. Für die befohlene Geschwindigkeit haben wir folgende Plätze:

| | |
|---|---|
| Zm+2 | volle Fahrt aufwärts |
| Zm+1 | langsame Fahrt aufwärts |
| Zmo | Stillstand |
| Zm-1 | langsame Fahrt abwärts |
| Zm-2 | volle Fahrt abwärts |

Diese Zustände schliessen die Beschleunigung und die Verzögerung ein. So bedeutet z.B. Zm+2 "volle Kraft auf den Antrieb für Aufwärtsfahrt", und Zm+1 "reduziere die volle Geschwindigkeit so, dass unmittelbares Anhalten möglich ist". Nur bei langsamer Geschwindigkeit darf der Korb bei Erreichen des Niveaus eines Stockwerkes angehalten werden. Deshalb benötigen wir die Plätze für die tatsächliche Geschwindigkeit Zv+2 bis Zv-2, deren Indizes denen der Plätze Zm+2 bis Zm-2 entsprechen.

Über Zn+ bzw. Zn- wird der Antrieb in Gang gesetzt. Die Transitionen t1 bzw. t2 schalten direkt von Zmo auf Zm+2 bzw. Zm-2. Das Anhalten wird durch Zno eingeleitet, wobei der Antrieb durch die Transitionen t3 bzw. t4 von voller

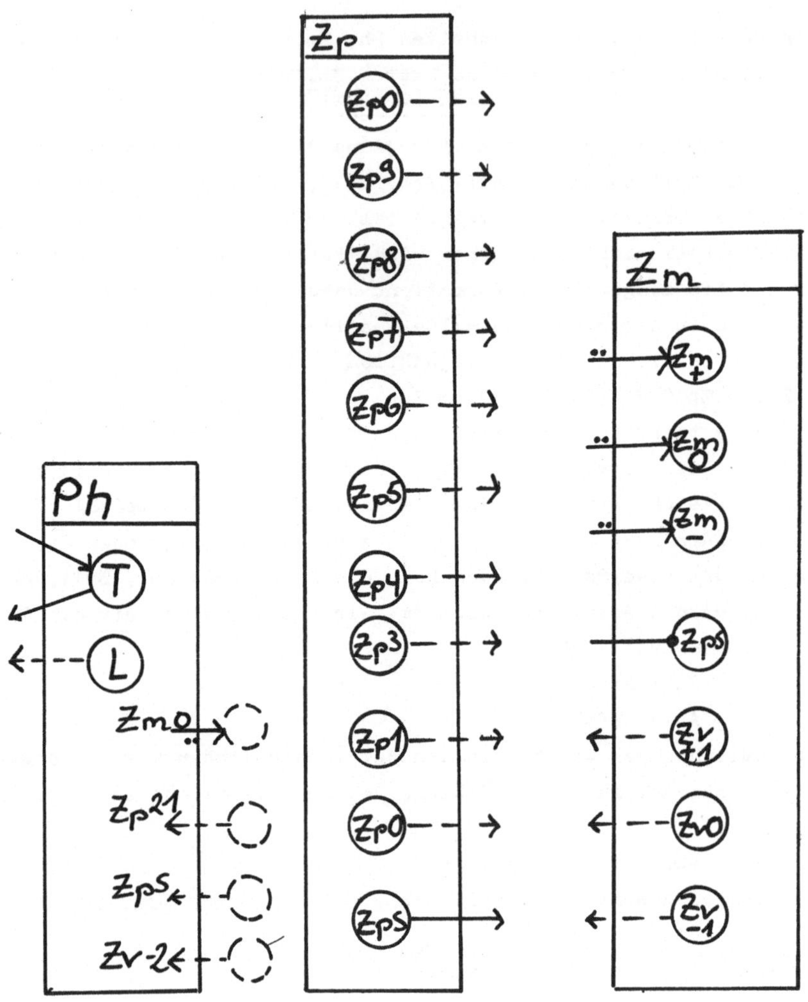


*Bild VI-35*

| | |
|---|---|
| *Ph* | *Ablaufsteuerung* |
| *Zp* | *Positionsmelde-System* |
| *Zm* | *Antrieb* |

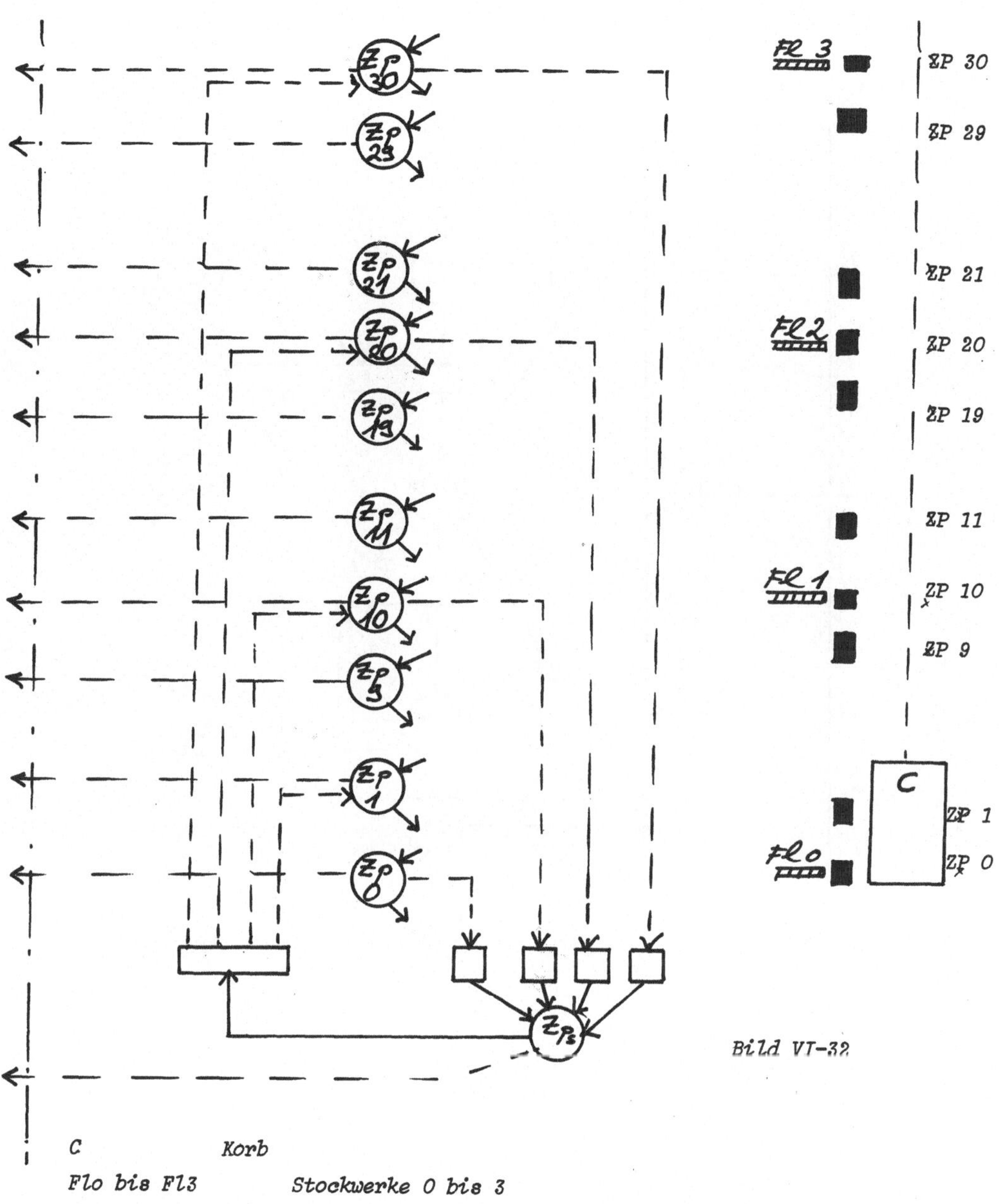


Bild VI-32

C Korb

Flo bis Fl3 Stockwerke 0 bis 3

Zp0, ZP10, ZP20, Zp30 Haltepositionen für die Stockwerke 0 bis 3

ZPS "Korb befindet sich in einer Halteposition"

ZP1, ZP21, ZP31 Bereich für die Annahme des Stopp-Befehls für den abwärtsfahrenden Korb

ZP9, ZP19, ZP29 entsprechend für den aufwärtsfahrenden Korb

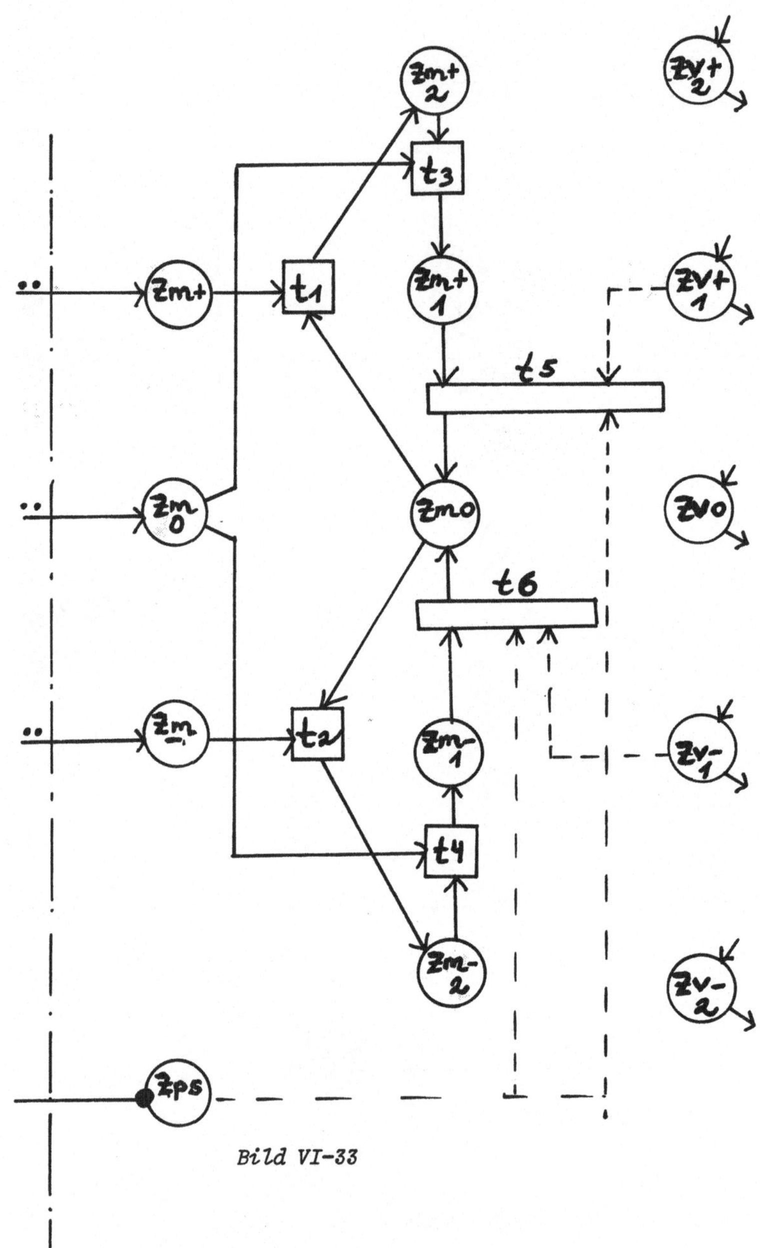


*Bild VI-33*

*Netz für die Antriebseinheit Zm.*
*Interpretation siehe Text.*

Fahrt (Zm+2 bzw. Zm-2) auf langsame Fahrt (Zm+1 bzw. Zm-1) geschaltet wird. Jetzt ist unmittelbares Stoppen bei Erreichen der Position Zps möglich (Transitionen t5 bzw. t6).

Bild VI-34 zeigt die Ablaufsteuerung mit folgender Bedeutung der Plätze:

| | |
|---|---|
| T | Taste "abwärts" |
| L | Lampe "abwärts" |
| Pho | kein Auftrag |
| Ph1 | Auftrag angenommen |
| Ph2 | Korb hält an |
| Ph3 | Korb steht |

Durch die Taste T wird zunächst die Phase Ph1 eingeschaltet. Der Auftrag "abwärts" ist jetzt angenommen und gespeichert. Die Ausführung dieses Auftrags wird durch den Signalakzeptor t2 eingeleitet sobald der abwärts fahrende Korb (Zv-2) den Bereich Zp21 passiert. t2 schaltet dann Zno und wechselt die Phase von Ph1 auf Ph2. Das Positionssystem Zp zeigt durch Zps das Ende des Stoppvorgangs an. Die Transition t3 schaltet von Ph2 auf Ph3. In dieser Phase dürfen die Türen geöffnet werden, was jedoch hier nicht behandelt wird. Zv-2 zeigt die Fortsetzung der Abwärtsfahrt an, deren Einleitung hier ebenfalls nicht besprochen wird. Die Transition t4 schaltet die Steuereinheit zurück auf Pho.

Bild VI-35 gibt einen Überblick über die drei besprochenen Einheiten.

<u>Zusammenfassung von Kapitel VI</u>

Es werden Beispiele für die Anwendung der behandelten Netze auf technische Prozesse, insbesondere die Steuerung von kinematischen Systemen besprochen. Der Begriff Prozess wird dabei bewusst nicht genau festgelegt.

Es empfiehlt sich, insbesondere bei Transport- und Handhabungssystemen, die Geräteeinheit von der Steuerungseinheit zu trennen. Als Beispiele werden Handhabungssysteme bis zu fünf Achsen und ein Ausschnitt aus einer Fahrstuhlsteuerung besprochen.

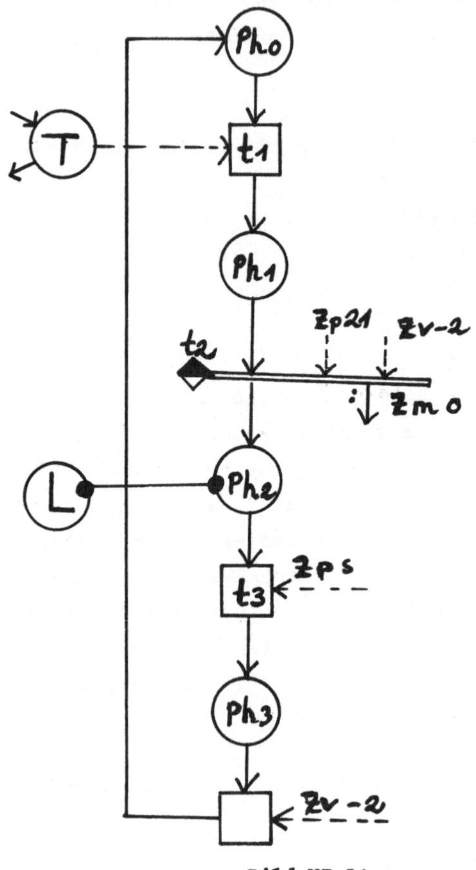


*Bild VI-34*

*Teilnetz für die Steuerung Ph*

*Stoppen bei Abwärtsfahrt in Stockwerk 2*

| | |
|---|---|
| *T* | *Taste "abwärts"* |
| *L* | *Lampe "abwärts"* |
| *Pho* | *kein Auftrag* |
| *Ph1* | *Stopp-Befehl angenommen* |
| *Ph2* | *Korb hält an* |
| *Ph3* | *Korb steht* |

Literatur-Verzeichnis

1) C.A. Petri
Kommunikation mit Automaten
Dissertation
Schriften des Rheinisch-Westfälischen Instituts für instrumentelle Mathematik an der Universität Bonn, 1962, Nr. 2

2) C.A. Petri
Grundästzliches zur Beschreibung diskreter Prozesse
3. Colloquium über Automatentheorie
ISNM Vol 6, 1967
Birkhäuser-Verlag, Basel, Stuttgart

3) C.A. Petri
Interpretations of Net Theory
G.M.D. interner Bericht 75-07
18.07.1975

4) C.A. Petri
Nicht sequentielle Prozesse
Vortrag anlässlich des Jubiläumscolloquium "Parallelismus in der Informatik" 2.6.1976
Universität Erlangen Nürnberg
GMD interner Bericht 76-6

5) C.A. Petri
Concurrency as a Basis of Systems Thinking
GMD Internal Report
ISF-78-06
1. Sept.1978

6) H.J. Genrich
Formale Eigenschaften des Entscheidens und Handelns
GMD interner Bericht 09/73-11-29

7) H.J. Genrich
Appendix: Petri Nets
GMD-ISF. 16.03.1977

8) K. Lautenbach
Liveness in Petri Nets
GMD, interner Bericht ISF-75-02.1

9) Gerda Thieler-Mevissen
The Petri Net Calculus of Predicate Logic
GMD, interner Bericht ISF-76-09
8. Dez. 1976
2. verbesserte Auflage: 27. Mai 1977

10) E.Best
"A Theorem on the Characteristics of Non-sequential Processes"
Technical Report Series
Number 116, November 1977
University of Newcastle upon Tyne
Computing Laboratory
Claremont Tower

11) Gernot Ullrich
"Der Entwurf von Steuerungsstrukturen für parallele Abläufe
mit Hilfe von Petri-Netzen"
Institut für Informatik, Universität Hamburg
Bericht Nr. 36, IFI-HH-B-36/77

12) Gottschalk, W.
Die Entscheidungstabelle
Signal und Draht 67 (1975) 3/4, S.65 bis 69

13) Gottschalk, W.
Petri-Netze in der Eisenbahnsignaltechnik
Signal und Draht 69 )1977) 8, S. 171 bis 179

Ferner
Entwurfshilfsmittel für die Prozessrechnerprogrammierung
Signal und Draht 70 (1978) 9. S. 194 bis 198

14) H. Strunz
Entscheidungstabellentechnik
Carl Hanser Verlag, München, Wien 1977

15) K. Zuse
"Rechnender Raum"
Verlag Friedrich Vieweg u.Sohn, Braunschweig 1969

16) K. Zuse
"Ansätze einer Theorie des Netzautomaten"
Nova Acta Leopoldina
Neue Folge Nr. 220, Bd 43
Verlag: Johann Ambrosius Barth, Leipzig

17) K. Zuse
"Der Plankalkül"
Gesellschaft für Mathematik und Datenverarbeitung
Bonn, BMBW-GMD-63, 1972

18) K. Zuse
"Beschreibung des Plankalküls"
Bericht der Gesellschaft für Mathematik und
Datenverarbeitung Bonn
Nr. 112
R. Oldenburg Verlag, München, Wien 1977

19) Horst Oberquelle
"Grobe Beschreibung von Systemen durch Netze"
Fachbereich Informatik, Universität Hamburg, IFI-HH-M-62/78

20) Dörfler, Mühlbader
"Graphentheorie für Informatiker"
Sammlung Göschen Band 6016

21) **Rudolf Herschel**
"Einführung in die Theorie der Automaten, Sprachen und Algorithmen"
R. Oldenburg Verlag, München

# Wort- und Sachregister

Die Zahlen beziehen sich auf die Seiten

*Zeichnung 1*

*Verzweigung*
*branch*
*Alternative*

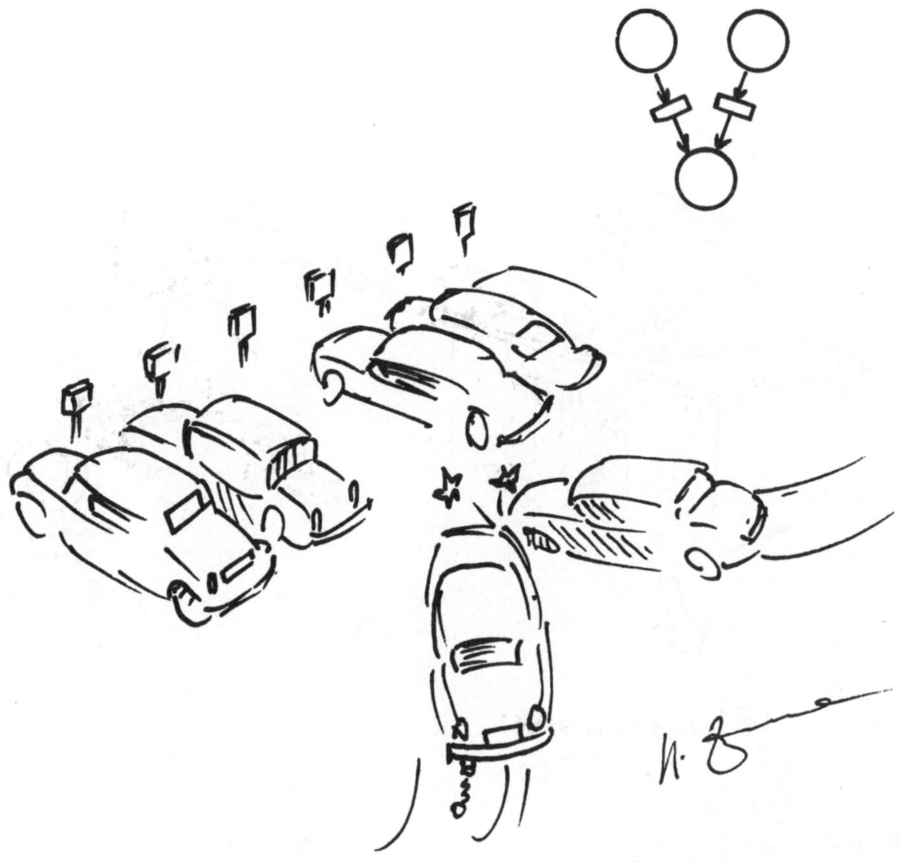

*Zeichnung 2*

*Begegnung*
*meet*
*Wettbewerb*

*Zeichnung 3*

*Aufspaltung*

*split*

*Die Auftragserteilung löst mehrere nebenläufige Aktionen aus.*

*Zeichnung 4*

*Sammlung*
*Wait*
*Rendezvous*

*Zeichnung 5*

*Einreihen in ein getaktetes System (Paternoster-Fahrstuhl)*

*Zeichnung 6*

*Ein Esel, der sich nicht entscheiden kann, verhungert zwischen zwei Heuhaufen.*

*Zeichnung 7*

*Entscheidung durch Würfeln*

*Zeichnung 8*

*Konfliktsituation für eine Dame*

*Zeichnung 9*

*Konflikt in bezug auf die Vorfahrt*

Zeichnung 10

*Je nach Temperament kann ein Konflikt durch Boxkampf*

Zeichnung 11

*oder durch Höflichkeit gelöst werden.*

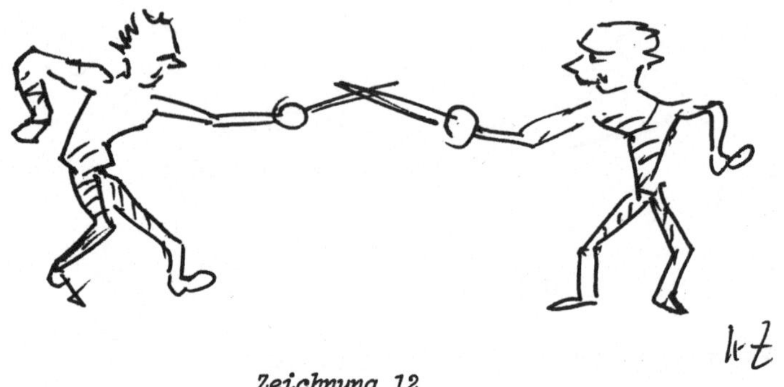

*Zeichnung 12*

*Das Duell ist eine strengen Regeln unterworfene Form der Konfliktaustragung.*

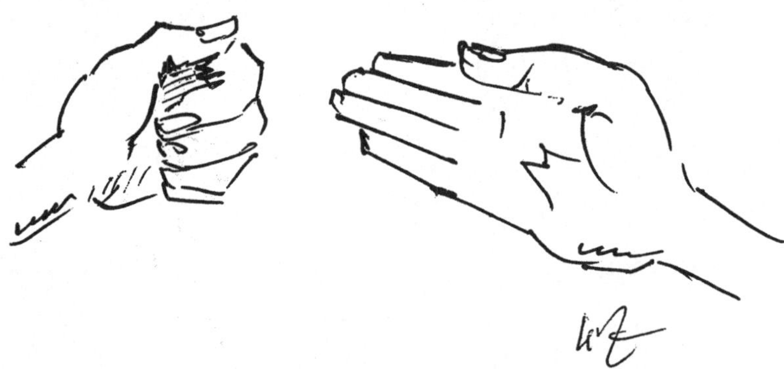

*Zeichnung 13*

*Das Knobeln ist harmloser.*

*Zeichnung 14*

*Lösung eines Konflikts durch Diskussion.*

Konrad Zuse

## Rechnender Raum

Herausgegeben von P. Schmitz und Ch. Heinrich. 1969. Mit 74 Abb. VIII, 70 S. DIN C 5 (Schriften zur Informatik, Band 1). Kart.

**Inhalt:** Zur Automatentheorie – Über Rechengeräte – Differentialgleichungen unter dem Gesichtspunkt der Automatentheorie – Maxwell'sche Gleichungen – Ein Gedanke zur Gravitation – Differentialgleichungen, Differenzgleichungen, Digitalisierung – Automatentheoretische Betrachtungen physikalischer Theorien – Begriff des Digitalteilchens – Zweidimensionale Systeme – Digitalteilchen im zweidimensionalen Raum – Über dreidimensionale Systeme – Zellulare Automaten – Zur Relativitätstheorie – Informationstheoretische Betrachtungen – Über Determination und Kausalität – Wahrscheinlichkeit – Darstellung der Intensität.

Der Einsatz von EDV-Anlagen in der theoretischen Physik eröffnet neue Perspektiven. Wertvolle Anregungen hierfür gibt dieses Buch. Der Autor versucht, informations- und automatentheoretische Gedanken auf Fragen der theoretischen Physik anzuwenden und untersucht die Konsequenzen einer vollständigen Digitalisierung. Er bespricht Modelle zelluarer Automaten und führt den Begriff des Digitalteilchens ein.